Die technischen Anlagen Städt. Volksbad Nürnberg.

(Dreihallenschwimmbad).

Beschreibung der Einrichtungen,
Betriebsergebnisse.

Von
Städt. Oberingenieur
Dr. Ludwig Dietz,
Leiter des Städt. Hochbauamtes für Heizungs- und
maschinelle Anlagen in Berlin.

Mit 32 Abbildungen und 5 Tafeln.

München und Berlin.
Druck und Verlag von R. Oldenbourg.
1918.

By

Dem Andenken Otto Krells gewidmet.

Vorwort.

Das Städtische Volksbad zu Nürnberg mit seinen drei großen heizbaren Schwimmhallen, den Einrichtungen für Wannen- und Brausebäder, römisch-irische Bäder und mit den Nebenanlagen (Hundebad und Wäscherei) stellt eine der größten Badeanstalten der Neuzeit dar.

Die vorliegende Schrift ist dem Andenken Otto Krells gewidmet. Der sachverständige Leser wird in der Beschreibung vielfach Krells Spuren begegnen, der in seiner Wirksamkeit als Mitglied des Nürnberger Gemeindekollegiums von 1893 bis 1911 auf die Durcharbeitung und Gestaltung der Vorentwürfe des Bades maßgebenden Einfluß ausübte. Die in der Fachwelt seinerzeit aufsehenerregende Wirkung, die Krell mit seiner vorbildlich gewordenen Überdrucklüftung im neuen Nürnberger Stadttheater erzielt hatte, ermutigte zur Anwendung des gleichen Gedankens auf die Lüftung der Schwimmhallen und Baderäume. Von vornherein konnte der Erfolg dem Verfasser nicht zweifelhaft sein, der die verantwortliche Leitung der Ausführung der wärmetechnischen Einrichtungen des Bades als damaliger Vorstand der Heizungsabteilung des Städtischen Bauamtes zu Nürnberg inne hatte.

Krell starb am 18. November 1913 und hat also die Eröffnung des Bades nicht mehr erleben dürfen. Aber das Ergebnis entspricht den Erwartungen. Der vom Stadtmagistrat herausgegebene „Verwaltungsbericht der Stadt Nürnberg" für die Jahre 1913 und 14 sagt auf S. 408: „Die gesamten technischen Anlagen der Anstalt haben sich vollauf bewährt, so daß keinerlei Betriebsstörung zu verzeichnen war." Inzwischen liegen die Betriebsergebnisse der Jahre 1914, 15 und 16 vor, die in der Schrift näher mitgeteilt sind.

So möge die für Badeanstalten neue und einzigartige Anlage, an deren Studium die Fachwelt für spätere Neuausführungen nicht wird vorübergehen können, die Herausgabe des vorliegenden Werkchens rechtfertigen.

Der Bau des Volksbades fiel in die letzten Amtsjahre des damaligen Oberbürgermeisters von Nürnberg, Dr. v. Schuh. Die Leitung des städtischen Bauamtes hatte Städt. Oberbaurat Weber. Die Bauamtsabteilungen I, II und III unterstanden dem Städt. Baurat Wallraff und den Städt. Oberingenieuren Huber und Walther. Berichter für die städtischen Bäder war rechtskundiger Magistratsrat Ulsamer. Die Pflegschaft lag in den Händen des Magistratsrates Orelli. Die Ausführung des Baues erfolgte unter der Oberleitung des Architekten, Städt. Oberingenieurs Küfner. Für die Bearbeitung der beschriebenen technischen Anlagen stand dem Verfasser beim Entwurf Städt. Baumeister Ritter und bei der Ausführung Städt. Bauführer Wilhelm zur Seite. Für die Fabrik gesundheitstechnischer Anlagen von Schaffstaedt waren Ingenieur Becker und zeitweilig Ingenieur Saupe tätig.

Erlangen, im Dezember 1917.
Reserve-Lazarett.

Dr. Dietz,
z. Z. als Leutnant d. Res.
im Kriegsdienst.

Inhaltsverzeichnis.

1. Die Badeverhältnisse Nürnbergs.

Neben dem Städtischen Volksbad, das als Dreihallen=
schwimmbad bis zum Schlusse des Jahres 1913 fertiggestellt
war, besaß die Stadt Nürnberg zu dieser Zeit noch die folgenden
Badeanstalten:

    5 Flußbäder,
    1 Sommerbadeanstalt am Dutzendteich,
    7 Brausebäder (zum Teil mit Wannen),
  27 Schulbrausebäder,
    5 Privatbadeanstalten,

dazu noch eine Anzahl von Arbeiterbädern in städtischen und
privaten Arbeits= und Fabrikbetrieben.

Die Flußbäder und das Dutzendteichbad sind nur im Sommer
geöffnet, die übrigen Bäder das ganze Jahr.

Im Jahre 1913 bzw. für die Schulbrausebäder im Schul=
jahr 1913/14 waren die Besuchsziffern[1]):

	männliche	weibliche
	Personen	
für das Dutzendteichbad	12 678	8 740
„ die Brausebäder	465 876	161 277
„ „ Schulbrausebäder	352 494	272 888
	831 048	442 905

also im ganzen 1 273 953 Personen, zu welcher Zahl der Besuch
der Fluß=, Privat= und Fabrikbäder noch hinzuzurechnen wäre.

---

    [1]) Diese Zahlen und auch die weiter unten für das Städtische
Volksbad gemachten Zahlenangaben sind in den „Verwaltungsberichten"
und in den „Statistischen Jahrbüchern" der Stadt Nürnberg ver=
öffentlicht.

Unter Zugrundelegung der genannten Gesamtzahl und einer mittleren Einwohnerzahl von 359 220 errechnet sich eine Abgabe von 3,05 Bädern auf den Kopf der Bevölkerung im Jahre 1913. Rechnet man dagegen nur die abgegebenen städtischen Warmbäder einschließlich der Arbeiterbadekarten, jedoch unter Ausschluß der Schulbäder, so erhält man eine auf den Kopf der Bevölkerung jährlich abgegebene Bäderzahl von 1,9.

Diese Ziffer, die in anderen Orten ähnlich — 1,4 bis 1,7 — ist, wurde auch der Bestimmung der voraussichtlichen jährlichen Gesamtbesucherzahl des Städtischen Volksbades zugrundegelegt. Demgemäß ist in den Voranschlag für 1914 ein Jahresbesuch von 603 000 Personen eingesetzt worden. Diese Zahl ist zwar infolge der Wirkung des Weltkrieges, da das Bad fast 3 Monate lang geschlossen war, nicht erreicht worden, sie wäre jedoch in Friedenszeiten, wie die Aufzeichnungen dartun, noch über=schritten worden: ein Beweis für die große Badefreudigkeit der Nürnberger Bevölkerung.

Der Bau und die technischen Einrichtungen der neuen Anstalt sind so bemessen, daß bei 10stündigem Betriebe an einem Tage 5300 Personen baden können; auch diese Zahl ist noch überschritten worden, denn der beste Besuchstag im ersten Be=triebsjahre war der Ostersamstag mit 5470 Badegästen. Würde dieser Höchstbesuch — was ja nicht eintreten wird — täglich zu bewältigen sein, so könnten im Jahre 2 000 000 Menschen in der Anstalt baden, also mehr als das Dreifache des Besuches im Jahre 1914.

Das Anwachsen der Reinausgaben der Stadt Nürnberg für die städtischen Badeanstalten, einschließlich des Volksbades, ergibt sich aus folgender Zusammenstellung:

im Jahre	1911	. . . . .	51 266 M.
„ „	1912	. . . . .	68 940 „
„ „	1913	. . . . .	26 109 „
„ „	1914	. . . . .	144 427 „
„ „	1915	. . . . .	202 992 „ (vorläufige

Abrechnung).

2. Baubeschreibung des Städt. Volksbades.

Auf einer Grundfläche von annähernd 6500 Geviertmetern ist das Volksbad in den Jahren 1911—1913 nach den Plänen des städtischen Oberingenieurs, Architekten Küfner auf der Baustelle des alten Gaswerks in der Rothenburgerstraße in der Nähe des Plärrers erbaut worden. Die Baukosten betragen nahezu 1,8 Mill. M., wozu der Wert des Grund und Bodens noch hinzukommt. Die Eröffnung des Bades erfolgte am 2. Januar 1914.

Der beigegebene Grundrißplan[1]) auf Tafel I läßt die Gruppierung der einzelnen Bauteile erkennen.

Es sind drei Schwimmhallen vorhanden, die durch 2 Stockwerke gehen, und zwar

1. eine Schwimmhalle I für Männer mit einem Schwimmbecken von 29 m Länge und 12 m Breite und einem Wasserinhalt von 550 cbm,

2. eine Schwimmhalle II für Männer mit einem Schwimmbecken von 28,5 × 12 m und einem Wasserinhalt von 485 cbm,

3. eine Frauenschwimmhalle mit einem Schwimmbecken von 24,5 × 12 m bei einem Wasserinhalt von 410 cbm.

Diese Hallen sind mit Eisenbetondecken überwölbt. Die Schwimmbecken sind ebenfalls aus Eisenbeton frei auf Pfeilern hergestellt, so daß sie von allen Seiten und auch von unten her vollkommen zugänglich sind. Die Becken sind innen unter dem Wasserspiegel mit blauen, über dem Wasser mit weißen Glasurplatten belegt. Die Auskleidevorrichtungen bestehen in der Halle I aus 103 Einzelzellen und 76 Massenauskleideständen mit Kleiderschränken und Sitzbänken, in der Halle II aus 138 Massenauskleideständen und in der Frauenhalle aus 76 Einzel-

---

¹) Entnommen aus dem „Verwaltungsbericht der Stadt Nürnberg" 1913/14.

zellen und 50 Massenauskleideständen. Vor der Benutzung
der Schwimmbecken sollen die Badegäste eine körperliche Rei=
nigung durch Benutzung der Brausen und Fußbadewannen
in den Reinigungsräumen vornehmen.

Die Wannenbäder für Männer und Frauen sind in einer
Anzahl von 66 Stück im rechten und linken Flügel und im Vor=
derbau an der Rothenburgerstraße in 2 Stockwerken und im
Untergeschoß untergebracht, ebenso wie die 14 Brausebäder mit
14 Auskleidezellen für Männer. Für Frauen sind 2 Brausen
mit Auskleidezellen, 4 Brausen mit Badewannen und je einer
doppelten, unmittelbar zugänglichen Kabine vorhanden.

Die römisch=irischen Bäder mit Knet= und Ruhe=
räumen liegen im Hofflügel über der Wäscherei und dem Ma=
schinenraume beim Kesselhaus. Auf dem entgegengesetzten Hof=
flügel befindet sich das Hundebad im Untergeschoß. Me=
dizinische Bäder sind nicht vorhanden.

Im Vorderbau an der Rothenburgerstraße ist ferner in
der Mitte des Grundrisses der viereckige Turm untergebracht,
der den Warmwasser= und den Kaltwasserbehälter von 78 bzw.
42 cbm Inhalt birgt. Endlich wird die Bauanlage links durch
ein vierstöckiges Verwaltungs= und Wohngebäude abge=
schlossen, das unten einen Haarschneideladen enthält. Auf der
rechten Seite vom Eingang an der Rothenburgerstraße ist eine
Wirtschaft untergebracht.

Alle diese Einzelanlagen gruppieren sich sehr übersicht=
lich um eine in der Mitte gelegene, zweistöckige Wartehalle von
16 × 21 m Grundfläche, in die der Besucher von der Rothen=
burgerstraße her über eine Freitreppe durch eine Eingangshalle
gelangt. Von der Wartehalle aus sind die drei Schwimmhallen
von rechts, links und geradeaus ebenerdig, die römisch=irischen
und Wannenbäder durch eine breite Treppenanlage von der
Galerie aus und die Brausebäder durch zwei nach unten führende
Seitentreppen zu erreichen. Der Abschluß der Schwimmhallen
und übrigen Badegruppen voneinander und gegen die Warte=
halle erfolgt in den einzelnen Stockwerken jeweils durch Pendel=
türen.

3. Die maschinen-, bade- und heiztechnischen Anlagen.

Es ist eine in der Fachwelt nunmehr genügend bekannte Tatsache, daß ein großes Hallenbad mit neuzeitlichen bade-technischen Einrichtungen und mit einem den gesundheitlichen Anforderungen entsprechenden Wasserwechsel der Schwimm-becken nur dann wirtschaftlich betrieben werden kann, wenn die erforderlichen großen Wärmemengen aus einem Kraft-werk (Elektrizitätswerk, Pumpstelle, Eisfabrik, Müllverbrennungs-anstalt, Gasanstalt) als billige Abwärme gewonnen werden. Auch der Bau des Nürnberger Volksbades mit den drei großen Schwimmhallen war von den städtischen Kollegien unter dem Gesichtspunkte beschlossen worden, daß die Kühlwässer der Verdichter des Städtischen Elektrizitätswerkes der Nürnberger Straßenbahn als Badewasser Verwendung finden sollten. Auf die Ausführung dieses Gedankens und auf die dadurch möglich gewesene jährliche Einsparung von etwa 40000 M. Betriebskosten mußte aber verzichtet werden, als das Groß-kraftwerk Franken in einer Entfernung von etwa 6 km vom Bade noch während des Baues des letzteren errichtet wurde. Diese große Entfernung hätte an und für sich keinerlei technische Schwierigkeiten geboten, aber das dort zur Verfügung stehende Kühlwasser muß dem Flußlauf wieder zugeführt werden. Die Möglichkeit einer eigenen elektrischen Strombereitung im Volksbad wurde ebenfalls geprüft: sie wäre nach den ange-stellten Berechnungen nur dann lohnend gewesen, wenn ihre Größe nach Maßgabe des Wärmebedarfs des Bades bestimmt worden wäre, und wenn die Möglichkeit bestanden hätte, den erzeugten elektrischen Strom in das allgemeine Kabelnetz als Verkaufsgut zu speisen. Letzteres war aber nach dem mit der Großkraftwerk Franken A.-G. eingegangenen Vertrage ausge-schlossen. Noch andere Möglichkeiten der Wirtschaftlichmachung des Badebetriebes wurden ergebnislos in Erwägung gezogen: dem städtischen Gaswerk war es nicht möglich, Abwärme zur Verfügung zu stellen; die Frage der Müllverbrennung war

damals in Nürnberg noch nicht ſpruchreif. Nach dieſer Lage der
Dinge blieb leider kein anderer Ausweg übrig, als im Bade
ſelbſt eine eigene große Keſſelanlage mit vier Hochdruckdampf-
keſſeln von je 100 qm Heizfläche zu bauen und die erforderlichen Wärmemengen in der Hauptſache durch Friſchdampf
zu liefern. Im Falle der Abwärmeausnutzung wären dagegen
2 Keſſel von je 75 qm Heizfläche ausreichend geweſen.

Die Pläne für die geſamten wärmetechniſchen Anlagen
des Bades wurden auf Grund eines Vorentwurfs der Fabrik
geſundheitstechniſcher Einrichtungen H. Schaffſtaedt G. m.
b. H. in Gießen vom ſtädtiſchen Bauamt Nürnberg für die
Ausſchreibung bearbeitet, und zwar in weſentlichen Punkten
auf der Grundlage von Ideen des verſtorbenen Gemeinde-
bevollmächtigten O. Krell sen. Aus der öffentlichen Ausſchreibung ging die Firma H. Schaffſtaedt G. m. b. H. als Siegerin
hervor, die dann die Anlagen als Geſamtunternehmerin unter
der Leitung des Verfaſſers (als damaligen Vorſtandes der Heizungsabteilung des Städt. Bauamtes Nürnberg) ausführte.
Während der Ausführung machten ſich noch erhebliche, zum Teil
grundſätzliche Änderungen und Verbeſſerungen gegenüber dem
Entwurfe notwendig.

a) Die techniſche Energieverſorgung.

Die Verſorgung des Bades mit Waſſer, mechaniſcher
und elektriſcher Energie, Licht, Luft und Wärme iſt ſo angelegt,
daß alle Fäden der Energieumſetzung und -verteilung an
einer Zentralſtelle zuſammenlaufen, die der Aufſicht eines
Maſchinenmeiſters unterſteht. Dabei werden das Waſſer und
die Elektrizität von außerhalb des Bades gelegenen
Energiequellen entnommen — nämlich das Waſſer teils aus
der ſtädtiſchen Waſſerleitung, teils aus einem beſonderen Pumpwerk, und die elektriſche Energie aus dem ſtädtiſchen Netz —,
während die Wärme und die mechaniſche Energie innerhalb
des Bades aus der Verbrennung der Brennſtoffe unter den
Dampfkeſſeln gewonnen werden, die Luftlieferung ſchließlich
erfolgt aus dem umgebenden Luftmeer. Im Bade ſelbſt iſt
eine planmäßige Trennung zwiſchen Energiegewinnung

und Energieverteilung durchgeführt: der Sitz der ersteren
ist das Kesselhaus, die letztere geschieht von dem unmittelbar
anstoßenden, aber durch eine Verbindungstüre vom Kessel=
raum getrennten Maschinen= und Regelungsraum aus. So=
wohl die Gewinnung als auch die Verteilung der verschiedenen
Energiearten werden in bezug auf ihre Größen und Mengen
mittels eines feindurchdachten und übersichtlich eingebauten
Systemes der Fernmeldung durch elektrische, mechanische, Luft=
druck=, Wasserdruck= und Lichtstrahlübertragung nach dem
Maschinenraume überwacht. Von einer selbsttätigen Ein=
stellung der Energieverteilung (z. B. durch selbsttätige Tem=
peraturregler, Schwimmeranlasser, Pumpenregler, Druckregler
usw.) wurde jedoch soviel wie nur irgend möglich Abstand
genommen. Der leitende Gedanke war vielmehr aus prak=
tischen und erzieherischen Gründen der, daß das Bedienungs=
personal sich nicht auf die selbsttätige Arbeit dieser Geräte ver=
lassen und sich auch nicht gegebenen Falles auf deren etwa
mangelhafte Arbeitsweise berufen dürfe, sondern daß es
vielmehr einesteils zur Einhaltung der geforderten Normal=
zustände häufig einstellend und regelnd einzugreifen habe,
daß ihm aber andernteils zur Ermöglichung der Einstellung
und zur genauen Verfolgung dieser Maßnahmen alle Hilfs=
mittel der neuzeitlichen Fernstell= und Meßtechnik an einer
Meldestelle im Maschinenraum zur Verfügung stehen mußten.
Auf dieser Grundlage ist der Maschinen= und Regelungsraum
(Fig. 1 u. 2) entstanden, der mit seiner Schalttafel (Fig. 3)
noch näher beschrieben werden wird. Den Maschinenraum
braucht das Bedienungspersonal nicht zu verlassen, selbst wenn
irgendeine Temperaturablesung in einem entferntesten Raume,
oder eine Klappenstellung auf dem Dachboden, oder die Ein=
stellung einer bestimmten Turenzahl des Luftgebläses, oder die
Veränderung des Luftüberdruckes in irgendeinem Raume,
oder das An= und Abstellen der Wäschereidampfmaschine, oder
die Drosselung oder Einstellung irgendeiner Raum= oder Wasser=
temperatur irgendwo vorgenommen werden sollen: alles kann
vom Maschinenraum aus mit der größtmöglichen Schnelligkeit
und Genauigkeit geschehen. Dieses Verfahren hat aber noch
den weiteren großen Vorteil, daß es dem städtischen Aufsichts=

beamten bei seinen Überwachungsgängen jederzeit innerhalb
weniger Minuten ermöglicht ist, sich von dem richtigen Gang
der weitverzweigten technischen Einrichtungen auf das gründ=

Fig. 1. Maschinen= und Regelungsraum.

lichste zu überzeugen und damit die Gewissenhaftigkeit des
Bedienungspersonales zu prüfen. Letzteres wird auch ganz
naturgemäß auf eine strenge Selbsterziehung hingeleitet, weil

bei der geschilderten Durchbildung der Anlage auf jeden
Eingriff in den Gang irgendeines Teiles sofort
oder nach Ablauf einer gewissen Zeit die Fern-

Fig. 2. Maschinen= und Regelungsraum.

anzeige über die erzielte Wirkung der Veränderung
auf dem zugehörigen Meßgerät erfolgt. Zu einer
wirtschaftlichen Betriebsführung sind überdies die beschrie=

benen Maßnahmen notwendig, um einer Vergeudung der
techniſchen Energieen entgegenzuwirken. Auch das Bedie=
nungsperſonal wird dadurch auf die geringſte Zahl beſchränkt.

Fig. 3. Schalttafel im Maſchinen= und Regelungsraum.

b) Die Waſſerverſorgung.

Das Bad wird auf zwei voneinander unabhängigen Wegen
mit Waſſer verſorgt, nämlich einerſeits durch unmittelbaren

Anstich an das allgemeine Stadtrohrnetz für Trinkzwecke, Wasserpfosten, Hochdruckbrausen, Aborte, Pißstellen, Kesselhaus, Kesselspeisung, Wäscherei, Wasserenthärtungsanlage, und anderseits durch eine Wasserzuleitung von 2,2 km Länge aus einem besonderen Pumpwerk in Muggenhof ausschließlich für Badezwecke. Dieses Pumpwerk liefert stündlich bis zu 100 cbm Wasser durch eine Druckleitung, die an dem jetzt außer Gebrauch gesetzten Straßenbahnelektrizitätswerk vorübergeführt, wo ursprünglich die Erwärmung des Wassers auf Badetemperatur durch die Verdichteranlage der Betriebsdampfmaschinen vorgesehen war. Dieses Wasser ist zum Trinken nicht zu benutzen, eignet sich aber für Badezwecke und ist erheblich billiger als das aus dem Stadtrohrnetz zugeführte. Der jährliche Wasserbedarf war vorerst auf etwa 450000 cbm in Ansatz gebracht worden. Beide Wasserzuleitungen sind durch Wassermesser an eine im Maschinen- und Regelungsraum vorhandene Frischwasserverteilungsstelle (Fig. 2 vorn rechts) geführt, von der die obengenannten Abzweige weiterführen. Dabei ist durch Schieber für die Trennung der beiden Wasserarten gesorgt. Auf der beigegebenen Tafel II „Schema der Kalt- und Warmwasserverteilung" kann die Leitungsführung näher verfolgt werden. Die Speisung des Bades geschieht nun von dieser Verteilungsstelle aus unter dem Wasserdrucke der beiden gleich hoch stehenden Turmbehälter teils unmittelbar in das Verteilungsnetz, teils in den Kaltwasserbehälter, teils durch Gegenstromvorwärmer G_I und G_{II} in den Warmwasserbehälter. Beide Behälter sind Energiespeicher, die den Zweck haben, die in gleichmäßigem Strome zugeführten Wassermengen je nach der schwankenden Benutzung des Bades mit langsam steigenden oder fallenden Wasserspiegeln aufzunehmen und an den Zapfstellen einen möglichst gleichmäßigen, sich nur langsam und wenig ändernden Druck aufrechtzuerhalten. Etwa zu Zeiten sehr schwacher Benutzung des Bades den Hochbehältern im Überfluß zugeführtes Wasser fließt durch eine Überlaufleitung aus dem Kalt- bzw. Warmwasserbehälter in einen unter der Wartehalle gelegenen Vorratstiefbehälter, aus dem es zu Zeiten großen Bedarfes durch eine an die Wasserverteilungsstelle angeschlossene, elektrisch betriebene Schleuderpumpe (Fig. 2 vorn rechts) rück-

geſpeiſt werden kann. Die Schieberanordnung an der Waſſer=
verteilungsſtelle geſtattet nun die folgenden Betriebsmöglich=
keiten der Waſſerzuleitung ins Bad, die je nach den eintretenden
Umſtänden vorkommen können:

I. nur Entnahme aus dem Stadtrohrnetz, Muggenhof=
leitung geſchloſſen, Schleuderpumpe a) abgeſchloſſen,
b) ins Warmwaſſernetz fördernd für den Fall, daß im
Tiefbehälter warmes Waſſer vorhanden iſt;

II. Stadtrohrnetz und Muggenhofpumpwerk gleichzeitig
aber getrennt nach den obengenannten Zwecken in
Benutzung;

III. Muggenhofleitung und Überlauf aus dem ſtädtiſchen
Hochwaſſerbehälter als Zuſatz für Badezwecke neben=
einandergeſchaltet, wobei aber unbedingt die Ein=
ſtellung auf gleiche Drucke erforderlich iſt. Dieſe Schal=
tung iſt möglich und dann von Vorteil, wenn der
ſtädtiſche Hochbehälter, zu Zeiten ſchwacher Waſſer=
entnahme in der Stadt, überläuft, alſo überſchüſſiges
Waſſer zur Verfügung ſtehen würde, das dann zu
Badezwecken mit Verwendung finden kann;

IV. nur Entnahme aus der Muggenhofer Leitung, wenn
für die Wäſcherei, für Trinkzwecke, Brauſen, Keſſel=
ſpeiſung uſw. keine Waſſerentnahme ſtattfindet;

V. Möglichkeiten I bis IV und Warmwaſſerförderung in
den Warmwaſſerhochbehälter durch die Schleuderpumpe
im Maſchinenraum, wenn Warmwaſſer im Tiefbehälter
aufgeſpeichert iſt;

VI. Fall I, II und IV und Kaltwaſſerförderung in den
Kaltwaſſerhochbehälter durch die Schleuderpumpe im
Maſchinenraum, wenn bei II und IV auf gleiche Drucke
geſchaltet wird.

c) Die Keſſelanlage.

Von der Maſchinenfabrik Augsburg=Nürnberg (M. A. N.)
wurde die Keſſelanlage ausgeführt. Sie beſteht aus vier Doppel=
flammrohr=Hochdruckdampfkeſſeln (Fig. 4) von je 100 qm Heiz=
fläche und 6 Atm. Betriebsdruck und wird in Gemäßheit eines
Beſchluſſes der gemeindlichen Kollegien mit ſtädtiſchem Gaskoks

gefeuert. Der Koks wird außerhalb des Kesselhauses vom Koks-
wagen auf den Rost eines trichterförmigen Tiefbunkers entleert,
wobei Stücke, die größer als 60 mm sind, durchgestoßen werden.

Fig. 4. Hochdruckdampfkessel mit Maschinen-Feuerungsanlage.

Über eine Zufuhrvorrichtung wird der Koks an der tiefsten Stelle
des Trichters durch ein Becherwerk (vorn rechts Fig. 4) gehoben,
unter dem Dache des Kesselhauses über eine selbstaufzeichnende

„Chronos"-wage auf ein Förderband aus Gummi ausgekippt, das ihn in die auf der Fig. 4 sichtbaren Hochbunker ausschüttet. Von hier rutscht der Koks nach Maßgabe der Verbrennung nach unten und wird durch Maschinenwurffeuerungen der Bauart M.A.N. mit sieben Wurfweiten auf die Planroste geworfen. Bei einem theoretischen Heizwerte des Kokses von 6200—6400 WE haben die Abnahmeversuche eine Brennstoffausnutzung von 70—72 v.H. bei 16—19 kg Dampferzeugung auf den Quadratmeter Heizfläche ergeben. Am hinteren Ende der Kessel war Platz für Rauchgasvorwärmer vorgesehen, deren Einbau sich auch als dringend erforderlich herausstellte, da der Betrieb gezeigt hat, daß die Verbrennungsgase noch mit übermäßig hohen Temperaturen von 300—400° C in den Schornstein abzogen, so daß noch ein weiterer erheblicher Wärmegewinn erzielt werden konnte. Die Rauchgasvorwärmer, deren Ausführung zwar vorgeschlagen, aber aus Gründen der Ersparung von Anlagekosten zunächst zurückgestellt worden war, wurden dann nachträglich eingebaut und bewirkten durch Erniedrigung der Abgastemperaturen einen wesentlichen Wärmegewinn, der den Betrieb der Kesselanlage wirtschaftlicher gestaltete. Die erste Vorwärmung des Speisewassers erfolgt mit dem Abdampfe der Doppeldampfpumpen Bauart Scholz. Eine besondere Enthärtungsanlage für das Speisewasser erübrigte sich, da die Speisung zu 95 v.H. mit dem rückkehrenden Niederschlagswasser der Heizflächen erfolgt; der geringe Frischwasserzusatz wird deshalb aus der für die Wäscherei errichteten „Permutit"-anlage (Fig. 5) entnommen. Zum Zwecke einer möglichst wirtschaftlichen Betriebsführung ist die Kesselanlage mit den weiter notwendigen Meßgeräten ausgestattet, deren Anordnung auf der Fensterwand von Fig. 4 erkennbar ist, nämlich: mit einem selbstschreibenden Speisewassermesser Bauart Eckardt, 4 Unterschiedszugmessern Bauart G.A. Schultze, einem selbstschreibenden Rauchgasprüfer „Ados", einem Dampfmesser Bauart Hallwachs und einer elektrisch anzeigenden Temperaturfernmessung von Siemens & Halske für die Abgase der 4 Kessel, für die Speisewassertemperatur und für die Kesselhaustemperatur. Auf diese Weise kann während des Betriebes aus den vom Maschinenmeister in ein Betriebsbuch einzutragenden

Aufschreibungen täglich der mittlere Wirkungsgrad der Kessel in einfachster Art bestimmt und der Betrieb dauernd auf eine wirtschaftliche Ausnutzung des Brennstoffes eingestellt werden. Besonders die Anwendung des einfachen Drosselscheiben= dampfmessers mit Anzeige durch den Quecksilbersäulenaus= schlag hat sich außerordentlich gut bewährt: dies ist für den

Fig. 5. Permutit=Enthärtungsanlage für die Wäscherei.

Heizer die einzige sichere und schnelle Anzeige über die augen= blickliche Größe der Dampfentnahme. Die Anzahl der durch die Hauptdampfleitung in jedem Augenblicke strömenden Kilogramme Dampf/Std. kann unmittelbar am Quecksilber= stand auf einer Teilung abgelesen werden, und der Heizer hat ein sehr bequemes Hilfsmittel, die Dampferzeugung dem schwankenden Betriebe rechtzeitig anzupassen und unnötige Kesselüberlastungen und damit schlechte Wirkungsgrade zu vermeiden.

Die Wärmeerzeugung der Dampfkesselanlage beträgt rechnerisch im Höchstfalle 3988000 WE in der Stunde, so daß im allgemeinen bis zu drei Kesseln gebraucht werden, und einer zur Aushilfe bleibt. Doch hat sich gezeigt, daß der verwendete Koks keine hohe Anstrengung der Kesselheizfläche gestattet, so daß bei dem sehr starken Badebetriebe, der an den Samstagnachmittagen regelmäßig eintritt, im Winter alle vier Kessel gerade zur Dampflieferung ausreichten, bis die Rauchgasvorwärmer eingebaut waren. Eine Belastung der Kesselheizfläche über 22 kg Dampf auf 1 qm ist eben auf die Dauer bei dem verwendeten Koks nicht erreichbar. Auch hier brachte der Einbau der Rauchgasvorwärmer eine erhebliche Besserung insofern, als bei ihrer Verwendung die Kessel nicht überanstrengt werden brauchen bzw. auch im Winter bei stärkstem Badebetriebe im allgemeinen ein Kessel zur Aushilfe verbleiben kann.

d) Die Badeanlagen.

Die gesamte Badeanlage steht unter dem Wasserdruck der beiden im Turme nebeneinander aufgestellten Hochbehälter, eines Kaltwasserbehälters von 42 cbm und eines Warmwasserbehälters von 78 cbm Wasserinhalt, beide aus Eisenblechen genietet. Die beiden Wasserspiegel sollen im Betriebe zur Erzielung eines möglichst gleichen Druckes des warmen und kalten Wassers beim Ausströmen aus den Badebatterieen tunlichst gleich hoch gehalten werden. Die Ablesung der Wasserstände erfolgt daher an zwei großen, mit weithin lesbarer Einteilung versehenen Zeigerdruckmessern neben dem Kalt- bzw. Warmwasserverteiler im Maschinenraum (Fig. 1 in der Mitte links). Die beiden mit Hochdruckdampf geheizten Gegenstromapparate (Warmwasserbereiter), Bauart Schaffstaedt, sind so bemessen, daß jeder 55 cbm Wasser in der Stunde auf 45° C bzw. für direkte Beckenfüllung 150 cbm auf 23° C zu erwärmen vermag. Von den Verteilern für kaltes und warmes Wasser (siehe auch das beigegebene Schema) zweigen Leitungen mit den folgenden Bestimmungsaufschriften ab:

1. Wäscherei,
2. Römisch-irische Bäder,

3. Wannen= und Brausebäder der Frauenabteilung,
4. Brausen und Fußwaschbecken der Frauenschwimm=
halle,
5. Wannen= und Brausebäder der Männerabteilung,
6. Brausen und Fußwaschbecken der Männerschwimm=
halle I,
7. Brausen und Fußwaschbecken der Männerschwimm=
halle II,
8. Zusatzwasser nach den drei Umwälzpumpen,
9. Verfügbar.

Ferner ist vor den beiden Warmwasserbereitern noch ein Hauptwasserverteiler für die Füllung der drei Schwimmhallen und des Warmwasserhochbehälters angeordnet. — Dieser Verteiler trägt gleichzeitig unten einen blind verflanschten Stutzen mit eingebautem Absperrschieber für den Fall, daß später einmal der eingangs erwähnte Gedanke der Warmwasserzuführung von irgendeiner außerhalb des Bades gelegenen Abwärmestelle aus sich verwirklichen ließe. — Die Füllung der drei Schwimmbecken erfolgt nun über diesen Verteiler durch die im Pumpwerk Muggenhof aufgestellten elektrisch angetriebenen Schleuderpumpen, jedoch immer unter dem Gegendrucke der Turmbehälter. Diese müssen ohnehin stets — auch bei Nacht — einen gewissen Wasservorrat behalten und sollen nur zum Zwecke der in bestimmten Zwischenräumen zu wiederholenden Reinigungen ganz entleert werden. Würden die Schwimmbecken ohne den Gegendruck der Hochbehälter gefüllt werden, so müßten die Füllungsschieber bis auf den gleichwertigen Druck gedrosselt werden, sonst läge die Gefahr des Durchbrennens der Pumpenmotoren infolge Überlastung vor. Die Füllung der Schwimmbehälter wird je nach Bedarf alle 2 oder 3 Tage während der Nacht nach jeweils erfolgter gründlicher Reinigung derselben vorgenommen; die Füllung dauert bei dem kleinsten Schwimmbecken bis zu 4, beim größten bis zu 6 Stunden, während die Entleerung in 20—25 Minuten beendet ist. Daraus erhellt, daß die Anlagen, besonders die Kessel, Tag und Nacht in fast ununterbrochenem Betriebe stehen, da immer die Erwärmung der mit 10—12° C zuströmenden Wassermengen auf Badetemperatur vorzunehmen ist, die für die

Männerſchwimmbecken 22⁰ C, für das Frauenſchwimmbecken
23⁰ C betragen ſoll. Dieſe Temperaturen werden durch elektriſche Fernthermometeranzeige auf die Schalttafel im Maſchinenraum (Fig. 2 u. 3) übertragen. Die Höhen der Waſſer-
ſpiegel in den drei Schwimmbecken und im Behälter unter
der Wartehalle können im Maſchinenraum an vier Waſſer-
ſtänden unmittelbar abgeleſen werden (Fig. 13), ſo daß das
Aufſichtsperſonal während der Nacht in jedem Augenblick über
den bei der Füllung erreichten Waſſerſtand unterrichtet iſt.

Während der Badezeit findet eine ſtändige Umwälzung
des Waſſers in den drei Schwimmbecken in der Weiſe ſtatt,
daß das Badewaſſer vom tiefſten Punkte der Schwimmbecken
durch drei im Maſchinenraume befindliche vierfach wirkende
Kolbendampfpumpen (von Weiſe & Monſki) aus den Saug-
leitungen angeſaugt und durch Druckleitungen in ununterbrochenem Strome nach den Schwimmbecken zurückgedrückt
wird, wo die Ausſtrömung durch die Speier der über den Waſſer-
ſpiegeln ſich erhebenden monumentalen Figuren in breiten
Waſſerſtrahlen erfolgt. Der Abdampf der Pumpen wird durch
über ihnen in die Druckleitung eingebaute Gegenſtromvor-
wärmer zur Erwärmung des abgekühlten Badewaſſers verwendet.
Um zu verhüten, daß die Körper der Badenden infolge der
heftigen Saugwirkung des abſtrömenden Waſſers an die Saug-
öffnungen angepreßt werden, ſind die letzteren mit einem Durchmeſſer von 60 cm ausgeführt und durch gewölbte Gitter ver-
kleidet. In der Lichtbildaufnahme iſt die Anordnung der Pumpen
nur undeutlich zu erkennen, deshalb iſt ſie in Fig. 6 noch einmal
beſonders gezeichnet. Hier iſt auch die Zumiſchung von kaltem
und warmem Friſchwaſſer in die Pumpendruckleitung dargeſtellt.
Dieſer Friſchwaſſerzuſatz ſoll programmäßig im Mittel etwa
3 v.H., alſo bis zu 17 cbm Waſſer in der Stunde betragen und
wird durch die beiden über dem Fußboden ſitzenden Abſperr-
ſchieber „Kalt" und „Warm" nach Maßgabe der Anzeige eines
Venturimeſſers eingeſtellt, der unmittelbar die augenblicklichen
Durchflußmengen in cbm/Std. auf einer Teilung anzeigt.
Das Verhältnis der kalten zur warmen Zuſatzwaſſermenge
muß dabei durch die beiden Schieber ſo geregelt werden, daß
— unter Berückſichtigung der Wirkung des Vorwärmers —

durch das Thermometer in der Druckleitung etwas über 23° C
angezeigt werden. Diese Einstellung ist mit Hilfe der angegebe=
nen Vorrichtung außerordentlich leicht auszuführen — auch in
der Weise, daß bei schwacher Besetzung eine kleinere, bei starker
Inanspruchnahme des Bades eine größere Frischwasserzumischung
stattfindet. Durch das Bedienungspersonal wird die Aufsicht
mit einem Blick im Vorübergehen ausgeübt. Wie wichtig
in Wahrheit die getroffene Maßnahme ist, die meines Wissens
bisher in keinem Bade besteht, das geht aus Versuchen her=

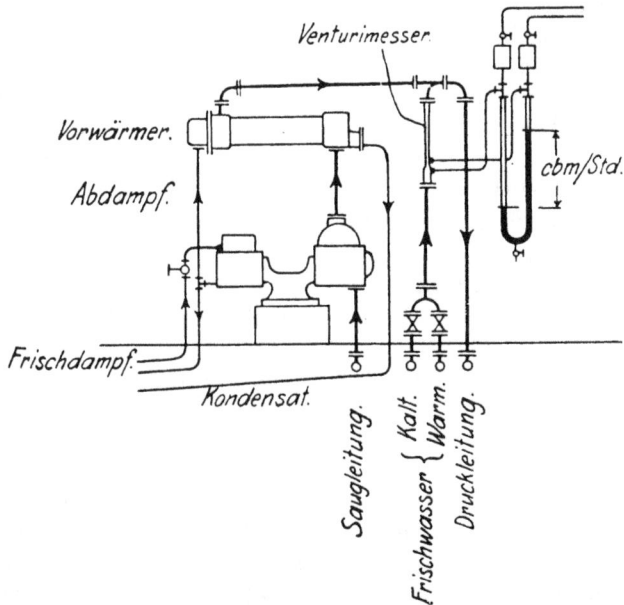

Fig. 6. Umwälzpumpe mit Venturiwassermessung.

vor, die zeigten, daß die Zusatzwassermenge ganz erheblich
von der Pumpenhubzahl und von der Druckhöhe der Hoch=
behälter bzw. dem gegenseitigen Verhältnis dieser Größen
abhängt — ein Ergebnis, zu dem man natürlich durch reine
Überlegung ebenfalls gelangen kann, das aber, ohne sichtbare
Anzeige durch ein Meßgerät, der Einsicht eines normalen Heizers
oder Maschinenwärters niemals zugänglich wäre.

e) Die Lüftungseinrichtungen.

Die Lüftungseinrichtungen sind in der Hauptsache nach den
Angaben von O. Krell sen. und auf Grundlage der Erfah=
rungen mit der Nürnberger Stadttheaterlüftung als Überdruck=
lüftung gebaut worden: die Frischluft wird, auf etwa 2⁰ C über
Raumtemperatur erwärmt, von einer einzigen Luftentnahme=
stelle aus (Fig. 21) mit Hilfe nur eines großen Schleuder=
luftgebläses durch wenige Luftkanäle von möglichst großen,
begehbaren Querschnitten mit Überdruck in die Schwimm=
hallen, die Wartehalle, und in die einzelnen Räume gedrückt
derart, daß das ganze Innere des Bades unter
einem bestimmten, vom Maschinenraum aus regel=
baren Überdruck gegenüber dem äußeren Luftdruck
gehalten wird. Die sog. „neutrale Zone" wird also unterhalb
des Fußbodens verlegt. Die Folge davon ist, daß beim Öffnen
von Außentüren oder Fenstern der Druckausgleich sich so zu
vollziehen sucht, daß nicht wie in anderen Bädern im Winter
die kalte Luft von außen her in die Räume hereinstürzt, son=
dern daß umgekehrt überall die Luftströmung von innen nach
außen gerichtet bleibt. Es wird also auch niemals durch die
Türspalten oder Fensterritzen herein„ziehen" können: derartige
Zugerscheinungen sind im Nürnberger städtischen Volksbad bei
einigermaßen achtsamem Betriebe gänzlich ausgeschlossen.
Natürlich dürfen nicht, wie es sonst in Schwimmhallen vielfach
üblich ist, die Fenster der oberen Umgänge zu Lüftungszwecken
geöffnet werden: das würde zur Folge haben, daß der Überdruck
aus der betreffenden Halle sofort verschwindet, und daß von allen
Seiten sofort Zugerscheinungen auftreten würden.   Bleiben
dagegen die oberen Fenster geschlossen, so reichen 1—1,5 mm
Wassersäule=Luftüberdruck am Fußboden vollkommen hin, die
Tieflage der neutralen Zone auch dann aufrechtzuerhalten,
wenn einige Fenster in Brusthöhe oder etwas über Kopfhöhe
dauernd, auch bei größter Kälte, spaltenweit geöffnet bleiben.
Durch diese Fenster findet im Nürnberger Hallenbad der ganze
Luftwechsel statt, der für die Schwimmhallen auf das Doppelte
des Rauminhaltes bemessen ist. Abluftkanäle sind in den Hallen,
ausgenommen in den Brauseräumen, nicht ausgeführt worden;

es hat ſich aber herausgeſtellt, daß auch dieſe Abluftkanäle
nicht gebraucht werden: die ſpaltenweite Öffnung einiger Fenſter

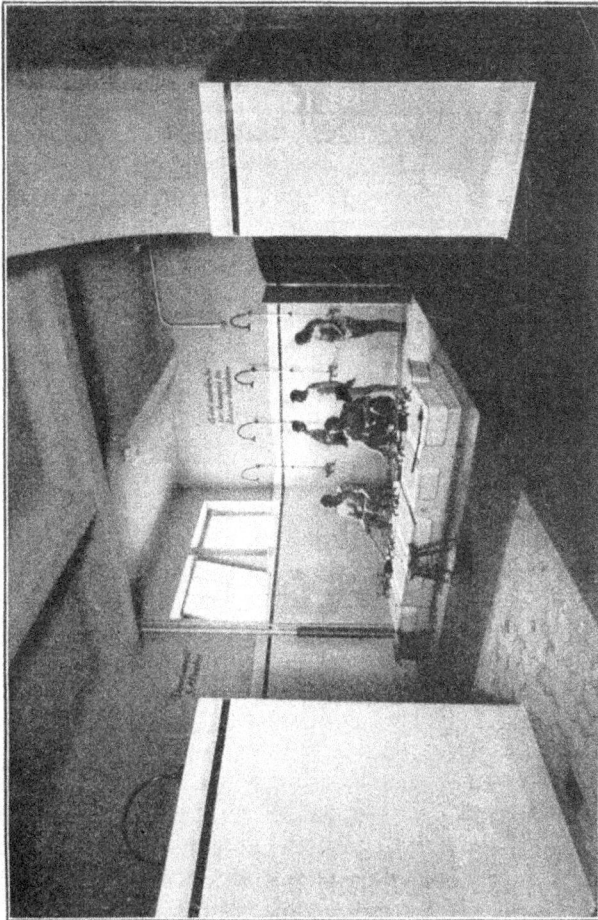

Fig. 7 a. Reinigungs= und Duſchenraum der Männerſchwimmhalle I. (Bei Überdrucklüftung ohne Wraſen=
bildung und ohne Zugerſcheinungen trotz geöffneter Kippfenſter bei − 10° C Außentemperatur.)

genügt vollkommen, um die Entſtehung von Wraſen zu ver=
hüten.

Die Fig. 7a gibt den Beweis hierfür: das Duſchen der
Badenden erfolgt in den Brauſeräumen der Schwimmhallen

fast unmittelbar unter den geöffneten Kippfenstern, ohne daß
Zugerscheinungen auftreten. Das Lichtbild ist bei einer Außen=
temperatur von —10° C aufgenommen worden. Die Luft im
Brausenraum war vollkommen rein und durchsichtig, trotzdem
absichtlich alle Duschen (auch die seitlichen, auf dem Lichtbild
nicht sichtbaren warmen Duschen) aufgedreht waren. Beim
Fehlen der Raumlüftung hätte sich der Brausenraum und dann
die Schwimmhalle allmählich mit mehr oder minder durchsich=
tigem Wrasen erfüllt. Wäre aber der geringste kalte Luftstrom
von außen her eingedrungen, so hätte sofort eine Abkühlung
und Verdichtung des Wrasens stattfinden müssen. Dieser Zu=
stand ist nun künstlich dadurch von mir hervorgerufen worden,
daß die oberen Umgangsfenster auf ein gegebenes Zeichen hin
geöffnet wurden. In diesem Augenblick ist die Lichtbildauf=
nahme Fig. 7 b erfolgt: man sieht, wie sofort der Überdruck
aus dem Raume verschwunden ist, die kalte Außenluft durch
das Kippfenster hereinstürzt und lebhafte Zugerscheinungen
hervorruft, wie die Badenden infolgedessen eiligst Reißaus
nehmen, und wie der Wrasen in der Luft durch Abkühlung
verdichtet worden ist — und zwar in weit höherem Maße,
als es auf der Platte sichtbar geworden ist. In Wirklichkeit
war nämlich in wenigen Minuten der ganze Raum mit dichten
Schwaden erfüllt und fast gänzlich undurchsichtig geworden,
ein Zustand wie er vielfach in anderen Bädern anzutreffen
ist, in denen der Wrasen durch ein Gebläse „abgesaugt" wird:
dabei wird naturgemäß der Brausenraum unter Unterdruck
gesetzt, und die kalte Außenluft strömt durch alle kleinen Ritzen
und Spalten unter lebhaften Zugerscheinungen herein, die ge=
wöhnlich an den Füßen wahrgenommen werden. Derartige
kalte Zugerscheinungen können im Nürnberger Bade natur=
gemäß nicht auftreten. Zwar muß eine bestimmte Luftbe=
wegung infolge des Luftwechsels vorhanden sein, sie ist aber
viel, viel geringer als beispielsweise die durch die ständige Be=
wegung der Badenden hervorgerufene oder als die durch die
lebhafte Saugwirkung eines Brausenstrahles verursachte, nach
unten gerichtete Luftbewegung. Häufige Badgänger haben
in Nürnberg dem Verfasser gegenüber persönlich hervorge=
hoben, einen wie wohltuenden, kräftigenden Hautreiz die

friſche, reine Luft dieſer Schwimmhallen ausübe im Gegen=
ſaß zu der muffigen Badeluft in manchen anderen Hallenbädern.

Die Aborte werden durch den Überdruck der Wartehalle und

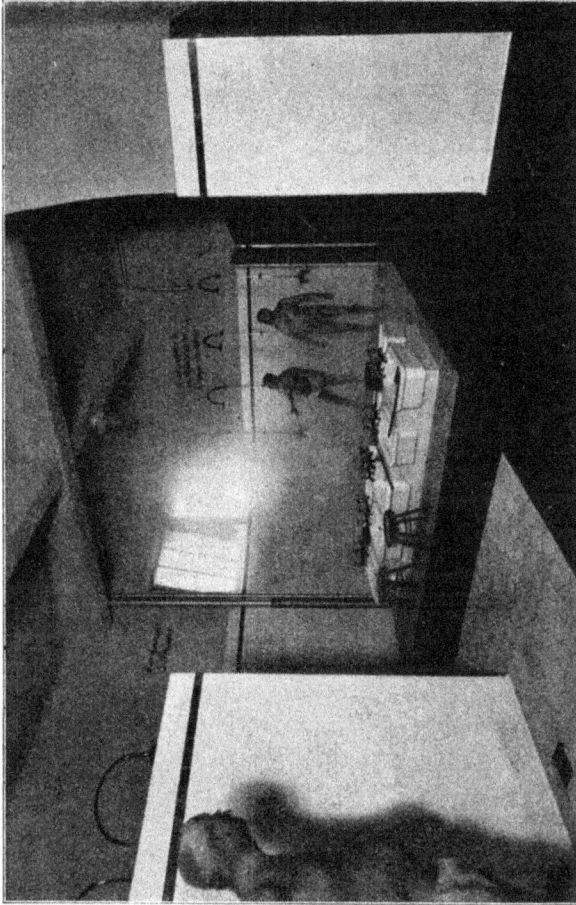

Fig. 7 b. Reinigungs= und Duſchenraum der Männerſchwimmhalle I.

(Bei verſuchsweiſer Unterdrucklüftung mit ſtarker Braſenbildung und mit Zugerſcheinungen.)

der Schwimmhallen derart gelüftet, daß die Luft von den
leßteren aus durch vergitterte Türöffnungen in die Aborte über=
tritt und aus dieſen durch die Fenſter und Abluftkanäle ins
Freie gedrückt wird.

Die sämtlichen Einzelbaderäume, haben Abluftkanäle er=
halten, weil hier natürlich der Überdruck infolge des gleich=
zeitigen Öffnens vieler Fenster sofort verschwinden würde.

Fig. 8. Schleuder-Luftgebläse mit Saug- und Druckstutzen.

Diese Abluftkanäle sind im Dach in Rabitzkanälen zusammen=
gezogen und in zwei Dachreitern, nach „Wirtschaftsseite" und
„Wohnungsseite" getrennt, über Dach geführt. In gleicher
Weise sind die römisch=irischen Bäder gelüftet worden, wobei

die im Dachboden liegenden Kanäle des Dampfbades mit
Zinkblech ausgekleidet worden sind. Die Zuluft wird für die
Wannenbäderabteilung, gleichfalls nach Wirtschafts- und Wohnungsseite getrennt, mit etwas über Raumtemperatur durch
je einen Zuluftkanal in die ebenfalls auf 20—22 °C geheizten
Gänge eingeführt, die jeweils durch Pendeltüren abgeschlossen sind. Infolge des in den Gängen erzeugten Über-
druckes strömt die Luft durch über den Türen angelegte Z-för-
mige Kanäle in die Badezellen über, diese letzteren wiederum
unter Überdruck setzend.

Die Luftüberbrücke der Schwimmhallen, der Wartehalle,
der einzelnen Flurteile für die Wannenbäder sowie der
römisch-irischen Bäder werden durch ³/₈″ schmiedeeiserne Leitungen nach den an der Schalttafel im Maschinenraum ange-
brachten Krellschen Kleindruckmessern übertragen. Von hier
aus sind diese Druckverhältnisse teils gleichmäßig durch Veränderung der Umdrehungszahl des Luftgebläses, teils unabhängig voneinander durch Fernklappenstellungen mit Draht-
seilzügen auf die einfachste Weise sehr fein regelbar. Je nach
der Windrichtung muß eine andere Einstellung unter Beobachtung der geforderten Luftmengen vorgenommen werden.
Die Messung der Hauptluftmengen mittels des Venturimessers
Fig. 8 und 19 beruht auf der Druckumsetzung in einem allmählich verengten und wieder konisch erweiterten Querschnitt der
Luftleitung. Weiter unten ist im 4. Abschnitt dieses Buches
des näheren die Rede von der Venturimeßeinrichtung. Für
die übrigen sieben aufsteigenden großen Einzelluftkanäle,
nämlich:

1. Männerschwimmhalle I,
2.   „   II,
3. Frauenschwimmhalle,
4. Römisch-irische Bäder,
5. Wannen- und Brausebäder, Wirtschaftsseite, Erdgeschoß,
6. Desgl., Wirtschaftsseite, Obergeschoß,
7. Desgl., Wohnungsseite, Obergeschoß

wäre einerseits der Einbau von Venturimessern kostspielig
gewesen, anderseits ließ sich eine Methode anwenden, die den

Vorzug hat, daß alle sieben Anzeigen durch Umschalthähne
auf einem einzigen Kleindruckmesser mit dem gleichen
Ausschlag erfolgen, trotzdem die normalen Luftmengen
jeweilig voneinander verschieden sind. Dabei wurde von der
Krellschen Feststellung[1]) ausgegangen, daß beim Eintritt eines
Luftstromes aus der Ruhe in ein gerade abgeschnittenes Rohr
die Luftgeschwindigkeitsverteilung im Eintrittsquerschnitt des
Rohres einigermaßen gleichmäßig ist. Es wurden in jeden der
sieben aufsteigenden Kanäle Bretter eingebaut mit je einem
runden Ausschnitt von solcher Größe, wie er sich aus der zugehörigen Luftmenge und einer mittleren Luftgeschwindigkeit
von 4 m/Sek. errechnete. Letztere ergibt durch Übertragung der
Geschwindigkeitshöhe mittels Prandtlscher Staurohre auf die
Kleindruckmesser der Schalttafel den gleichen Ausschlag von
1 mm WS für die sieben verschiedenen Luftmengen. Das Bedienungspersonal braucht also nur durch Umschaltung der Wechsel-
hähne sich zu überzeugen, ob die einzelnen Ausschläge von Null
bis auf 1 mm WS bei normal angestellter Hauptluftmenge
erfolgen, bzw. ob bei anders eingestellter Hauptluftmenge
die erfolgenden Anzeigen einigermaßen einander gleich sind:
andernfalls sind nur die entsprechenden Klappenfernstellungen
an der Schalttafel gemäß den Anzeigen der Druckmesser zu
betätigen.

Bei allen angestellten Versuchen war stets das Ergebnis
der Zusammenzählungen der sieben Einzelablesungen etwas
geringer als die Anzeige des Venturimessers für die Hauptfrischluftmenge, was ja auch richtig ist, da ein kleiner Anteil
der Zuluftmengen durch Undichtigkeiten auf dem Wege nach den
einzelnen Bestimmungsorten verloren geht.

Die Klappenfernstellung geschieht durch Drahtseilzüge
mit Hilfe von Windevorrichtungen, die hinter dem Sockel der
Schalttafel angebracht sind, und deren durch den Sockel hin-
durchgeführte Achsen vorn das Handrad mit Zeiger tragen,
der auf einer Teilung spielt. Die Klappen sind sämtlich Glieder-
klappen, was den großen Vorteil hat, daß sie alle, selbst die größten,
für die volle Öffnung auf den gleichen Hub gebaut werden

---

[1]) O. Krell sen.: Hydrostatische Meßinstrumente. Berlin 1897.

konnten, so daß sämtliche Handräder von „Auf" bis „Zu" nur
einer Dreivierteldrehung bedürfen. Alle Stellvorrichtungen
sind sorgfältig durch Gegengewichte ausgewogen (Fig. 9), so

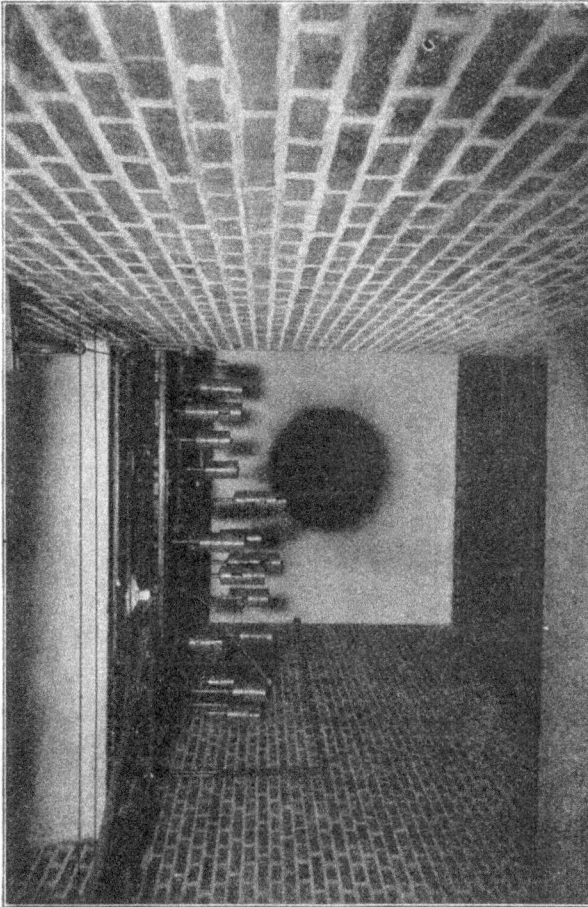

Fig. 9. Saugluftkammer mit Saugstutzen des Luftgebläses.
(Darüber die Gegengewichte der Luftklappen unter der Schalttafel.)

daß zum Verstellen der Handräder nur eine geringe Kraft notwendig ist, und die Handräder in jeder Stellung ohne weiteres
stehen bleiben. Folgende Klappenstellvorrichtungen sind auf
der Schalttafel vorhanden (von links nach rechts):

3*

1. Hauptfrischluftklappe für das Luftgebläse,
2. Mischklappe in der Heizkammer,
3. Zuluftklappe Männerschwimmhalle I, } Schwimm=
4.   „   „   II, } hallen.
5.   „   Frauenschwimmhalle,
6. Mischklappe in der Heizkammer,
7. Zuluftklappe Wirtschaftsseite,
8.   „   Wohnungsseite,   } Wannen= und
9. Hauptabluftklappe Wirtschaftsseite, } Brausebäder.
10.   „   Wohnungsseite,
11. Zuluftklappe Ruheraum,
12.   „   Brauseraum,
13.   „   Heißluftbad,   } Römisch=irische
14.   „   Warmluftbad,   } Bäder.
15.   „   Knetraum,
16.   „   Dampfbad,
17. Hauptabluftklappe.

Diese Klappenstellvorrichtungen entsprechen den darüber auf der Sockelplatte aufgestellten Kleindruckmessern, die von links nach rechts folgende Bestimmung haben:

1. Hauptfrischluftmenge in cbm/Std. und Druckunter=
   schied des Luftgebläses in mm WS,
2. Überdruck in der Männerschwimmhalle I,
3.   „   „   „   „   II,
4.   „   „   „ Frauenschwimmhalle,
5.   „   „   „ Wartehalle,
6.   „   „   „ den Wannen= und Brausebädern,
7. Zuluftmengen für die römisch=irischen Bäder,
8.   „   „   „ Schwimmhallen, Wannen= und
   Brausebäder:
   a) Männerschwimmhalle I,
   b)   „   II,
   c) Frauenschwimmhalle,
   d) Wannen= und Brausebäder Erdgeschoß,
   e)   „   „   „ Obergeschoß, Wirtschafts=
                                     seite,
   f)   „   „   „ Wohnungsseite.

f) Das Luftgebläse und die Zuluftanlage.

Auf die Auswahl, den Einbau, den Antrieb und die Sicherung eines einwandfreien Maschinen= betriebes der Luftgebläseanlage ist die denkbar größte Sorgfalt verwendet worden, um diesen oft so heiß umstrittenen Teil einer Lüftungsanlage in vorliegendem Falle zu einer voll befriedigenden Lösung zu führen. Bekanntlich wurzeln die Klagen bei den meisten derartigen Anlagen in den übermäßig hohen lau= fenden Betriebskosten, in der trotzdem oft völlig ungenügenden Lüftungswirkung und in der Verursachung störender Geräusche und Schallübertragungen. Man findet in Bädern selbst erheblich kleineren Umfanges oft mehr als ein halbes Dutzend Luftge= bläse, von denen aber aus den schon genannten Gründen viel= fach nicht ein einziges im Betriebe ist — mit Recht, denn sie nützen oft wenig oder gar nichts. Einem solchen beschämenden Zustande konnte im Nürnberger Volksbade schon von vorn= herein durch die Wahl der oben bereits beschriebenen Lüftungs= art vorgebeugt werden, die den Einbau nur eines einzigen Luftgebläses erforderlich machte. Ferner wurden die Betriebs= kosten desselben sorgfältig ermittelt und für deren Bereitstellung durch gesonderte Aufnahme in den laufenden Jahresvoranschlag gesorgt. Man wird also nicht etwa mitten im Jahre lediglich aus Verwaltungsrücksichten gezwungen sein, den Betrieb des Luftgebläses einfach deshalb einzustellen, weil die Betriebskosten zu hoch erscheinen.

Überall, wo eine gut wirkende Lüftungsanlage in einem Bade außer Betrieb gesetzt wird, da gibt man sich einer doppel= ten Täuschung hin: Erstens führt die Einstellung eines guten Lüftungsbetriebes bereits im Laufe von wenigen Jahren zu einer Zerstörung auch haltbar hergestellter Decken und Wände durch den ohne ausgiebige Lüftung nicht zu beseitigenden Wasser= dampf, der seine zerstörende Arbeit desto sicherer verrichten kann, je größer die Abkühlung der Innenluft unter ihren Taupunkt durch die überall hereinströmende kalte Außenluft, eben infolge der mangelnden Lüftung ist. Weiter aber muß man einige Kenntnis im Lüftungswesen haben, um zu wissen, daß in einem

Falle wie dem im Nürnberger Volksbad vorliegenden die Strom-
kosten für den Gebläsebetrieb nur scheinbar die eigentlichen
Kosten darstellen, die gespart werden könnten, wenn die Anlage

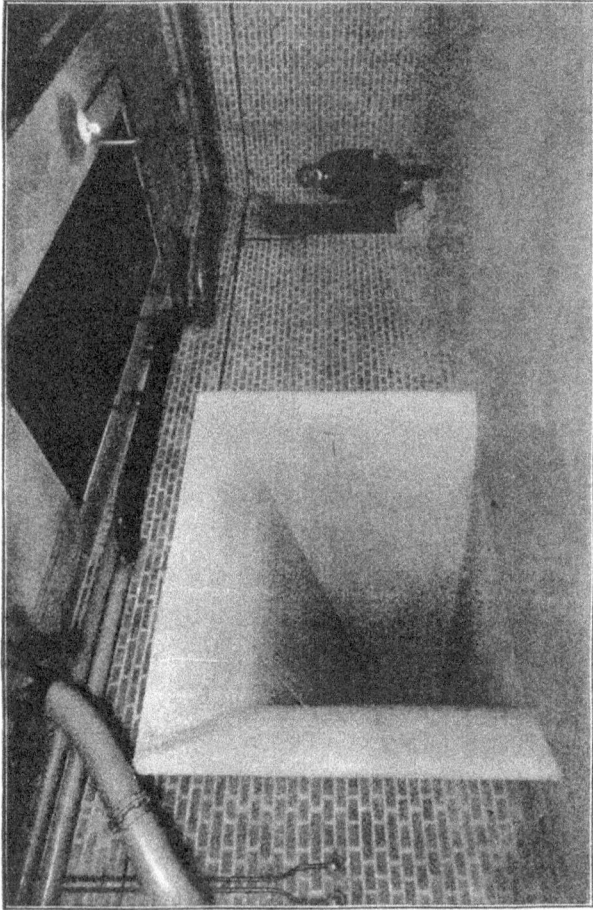

Fig. 10. Druckluftkammer mit Druckmündung des Luftgebläses.

stillsteht: letztere Ersparung tritt deshalb nicht ein, weil bei
ungeregelter Lüftung, also bei Fehlen einer guten Gebläse-
lüftung, meistens nicht nachweisbar große Luftmengen durch die
Undichtigkeiten von außen her nicht nur zwecklos, sondern sogar

mit ſchädlicher Wirkung in das Bad eindringen und hier während
der kalten Jahreszeit durch — ebenfalls nicht bemerkte — we=
ſentlich verſtärkte Heizung auf Raumtemperatur erwärmt wer=
den müſſen. Bei einer guten Durchbildung der Gebläſelüftung
wie der vorliegenden können dagegen die dem Bade zwangs=
läufig zuzuführenden und zu erwärmenden Luftmengen auf das
zuläſſige niedrige Maß unbedingt beſchränkt und ſomit in ziel=
bewußter Weiſe jene Erſparniſſe erreicht werden, die in Anbe=
tracht der notwendigen baulichen Erhaltung der Anſtalt und in
weiſer Würdigung der geſundheitlichen Vorausſetzungen, die
für die Errichtung des Baues maßgebend waren, zu verant=
worten ſind.

Dieſe Erwägungen führten zu der folgenden Durchbildung
der Luftgebläſeanlage, wie ſie aus den Fig. 8, 9 und 10 erkennbar
iſt. Zur Aufſtellung gelangte ein „Sirocco“=Schleudergebläſe,
das bei der mittleren Luftförderung nur 110 Umdrehungen
in der Minute macht, alſo ſehr langſam und ruhig läuft und
daher einen geringen Kraftbedarf hat. Zur weiteren Vermeidung
des leidigen Brummens und der Schallübertragung desſelben
ins Gebäude wurde das Schneckengehäuſe, das einen größten
Durchmeſſer von 3,50 m aufweiſt, nicht aus Stahlblech, ſondern
aus Zementrabitz ausgeführt und natürlich innen ſorgfältig
geglättet. Die gleiche Ausführung erhielten der Saug= und der
Druckſtutzen (Diffuſor), wie die Fig. 8 zeigt, ebenſo die Saug=
mündung (Fig. 9)[1]), und die Ausblasmündung (Fig. 10). Die
allmähliche Erweiterung des Druckſtutzens bis zur Ausblasmün=
dung hat den Zweck, die ſehr große Luftgeſchwindigkeitshöhe
beim Austritt aus dem Flügelrade unter tunlichſter Vermeidung
von Wirbelverluſten langſam in nutzbare Druckhöhe umzuſetzen.

Von der Druckkammer Fig. 10 aus erfolgt die Luftvertei=
lung auf drei Wegen:

---

[1]) Der Blick in die Saugmündung (Fig. 9) läßt auch die Venturi=
meſſerverengung erkennen; die vor der Mündung hängenden Gewichte
ſind die Luftklappengegengewichte, die in Wirklichkeit höher hängen,
als es die Abbildung glauben macht, weil die Lichtbildaufnahme ziem=
lich hoch von der herunterführenden Treppe aus erfolgt iſt. Von der
über der Saugkammer befindlichen Schalttafel aus führen die aus der
Fig. 9 erkennbaren Zugſeile nach den im Gebäude verteilten Luftklappen.

1. nach der darüber befindlichen Heizkammer für die
   Schwimmhallen und die Wartehalle (Fig. 11);
2. nach der Heizkammer für die römisch-irischen Bäder;
3. nach der Heizkammer für die Wannen- und Brausebäder.

Diese Luftwege sind 1,90 m hoch und 1,30 bis 2,50 m breit,
also ebenso wie die Luft- und Heizkammern zwecks gründlicher
Reinigung aufrecht begehbar (vgl. z. B. Fig. 11). Die senk-
rechten Zuluftkanäle sind ebenfalls in reichlichen Abmessungen
gehalten und mit Steigeisen ausgestattet, so daß eine gründ-
liche Reinhaltung der gesamten Zuluftanlage bis
an die Ausströmgitter der Räume heran auch wirklich ausführbar ist, ohne daß das Bedienungspersonal irgendwo auch nur zu kriechen oder gar auf dem
Bauche zu liegen gezwungen wäre. Die gesamte Zuluftanlage ist ferner mit Zement sorgfältig gefugt und in den
Fugen geglättet, so daß die Reinigung durch Schlauchspritzen
und darauffolgendes Abscheuern vorgenommen werden kann.
Diese baulichen Maßnahmen sind ja gesundheitlich so außerordentlich wichtig, daß sie nicht oft genug betont werden können;
und doch werden sie immer und immer wieder im Entwurf und während der Bauausführung mit geradezu unglaub-
licher Nachlässigkeit behandelt, so daß die Zuluftanlage, aus der
doch die Besucher eines solchen Gebäudes ihre Atemluft erhalten,
oft in ganz kurzer Zeit verstaubt ist und sich manchmal in wahr-
haft widerlicher Verfassung befindet.

Im Nürnberger Bade dienen die großen und durchweg stark
gemauerten Umfassungswände der Zuluftanlage während der
heißen Jahreszeit auch als Kältespeicher, durch die die hindurch-
ziehende Frischluft gekühlt und der Aufenthalt in den Hallen
und Baderäumen behaglich gemacht wird. Denn es bedarf
wohl kaum der besonderen Erwähnung, daß die Luftgebläseanlage auch während der Sommermonate in der gleichen Weise
wie im Winter dauernd in Betrieb bleiben muß, wenn anders
die Erwartungen, die an die Lüftungsanlage geknüpft werden,
erfüllt werden sollen. Ohne eine gute künstliche Lüftungsanlage
ist es auch in der heißen Jahreszeit nicht möglich, in einem Bade
einen angenehmen Aufenthalt zu schaffen und die zerstörende
Wirkung des Wrasens und Schwitzwassers hintanzuhalten.

Schwitzwasser[1]) wird dann entstehen, wenn infolge zu großer Abkühlung der Wände die Oberflächentemperatur unter den Taupunkt der Innenluft gesunken ist. Alsdann schlägt sich das

Fig. 11. Begehbare Luftwärmekammer der drei Schwimmhallen.

aus der mit Wasserdampf gesättigten Luft ausgeschiedene Wasser in Tropfenform an den kalten Begrenzungsflächen

---

[1]) Vgl. Henky, Über die Vermeidung von Schwitzwasser. Gesundheits=Ingenieur 1917, Nr. 49.

des Raumes nieder. Voraussetzung ist auch eine so ausgiebige
Lüftung, daß der in den Baderäumen entstehende Wrasen
von der durchziehenden Luft vollkommen aufgenommen wird.
Der Schwißwasserbildung kann also sowohl durch entsprechende
Heizung als auch durch genügende Lüftung entgegengearbeitet
werden. Im Betriebe ist darauf dauernd zu achten.

Bei mittlerer Umdrehungszahl und 5 mm Wassersäule
Druckunterschied zwischen Saug- und Druckkammer fördert das
Luftgebläse stündlich 80000 cbm Luft. Diese Leistung läßt
sich mit erhöhter Umdrehungszahl auf 100000 cbm/Std. bei
7 mm WS steigern. Ferner war eine Regelung für Dauerbetrieb
um 40 v.H. von der mittleren Umdrehungszahl nach unten vor-
geschrieben. Als Antriebsmaschine kam ein gekapselter Einphasen-
wechselstrom-Repulsionsmotor von 10 PS mit Bürstenverschie-
bung von den Siemens-Schuckertwerken zur Aufstellung, der bis
zu 1000 Umdrehungen in der Minute macht. Die Sicherung
gegen Durchgehen bei der höchsten Turenzahl von 1000 erfolgt durch einen Kurzschließer. Der Motor steht im Maschinenraum und treibt das Gebläse mittels eines nach unten durch
den Fußboden geführten Riemens an (Fig. 1, vorn). Seine Regelung erfolgt durch Betätigung eines Handrades von der Schalttafel aus nach den Anzeigen eines Fernturenzählers, der die
augenblickliche Umdrehungszahl unmittelbar anzeigt. Unter
gleichzeitiger Beobachtung der Stromstärke läßt sich nun, gemäß
den Anzeigen der geförderten Luftmengen durch den Venturimesser, der wirtschaftlichste Betriebszustand jeweils mit Leich-
tigkeit einstellen. Dabei sind Messungen angestellt worden,
die das bekannte Ergebnis lieferten, daß die Turenregelung
erheblich wirtschaftlicher ist als die Klappenregelung. Der
Unterschied wird desto größer, je kleiner die zu fördernde Luftmenge ist; bei 60000 cbm ergibt sich durch die Klappenregelung
bereits ein um 45 v.H. höherer Stromverbrauch als bei Turenregelung. Selbstverständlich ist der Maschinenwärter angewiesen,
die Veränderung der Hauptluftmengen nur durch die Veränderung der Turenzahl zu bewirken, um auf diese Weise die
jährlichen Betriebskosten so niedrig wie nur möglich zu
halten.

g) Die Heizungsanlagen.

Die Heizungseinrichtungen gliedern sich in vier Gruppen, nämlich:

1. **Hochdruckdampfheizung** für:

Unmittelbare Raumheizung:	drei Schwimmhallen, Fußbodenheizung der drei Schwimmhallen, Wäscherei,
Warmwasserbereitung:	Gegenstromapparate, Waschmaschine.

2. **Dampfwarmwasserheizung** (mit Hochdruckdampf) für:

Unmittelbare Raumheizung:	Wannen- und Brausebäder, Eintritts- und Wartehalle, Hundebad,
Lüftung:	Wannen- und Brausebäder, Eintritts-, Warte- und Schwimmhallen.

3. **Dampfluftheizung** (mit Hochdruckdampf) für:

Raumheizung:	Römisch-irische Bäder, Trockenraum des Hundebades,
Heizkammern:	Trockenraum der Wäscherei, Abluftheizung der Wäscherei.

4. **Abdampfheizung** für:

Warmwasserbereitung:	Umwälzwasser der drei Schwimmbecken, Brauchwasser der Wäscherei, Vorwärmung des Kesselspeisewassers.

Die unter 1. bis 3. aufgeführten Heizungsgruppen werden mit Hochdruckdampf von Kesselspannung betrieben, und zwar nach dem von O. Krell sen. angegebenen Verfahren der Nadelventilregelung[1]. Bei dieser Bauart wird das an den Dampfheizflächen niedergeschlagene Dampfwasser durch am Ende der Niederschlagswasserleitung angebrachte (Fig. 12 u. 13) fein einstellbare Nadelventile derart gestaut, daß eine sehr genaue Regelung der Wärmeabgabe durch größere oder geringere

---

[1] O. Krell sen.: Direkte Nadelventilhochdruckdampfheizung. Gesundheits-Ingenieur 1911.

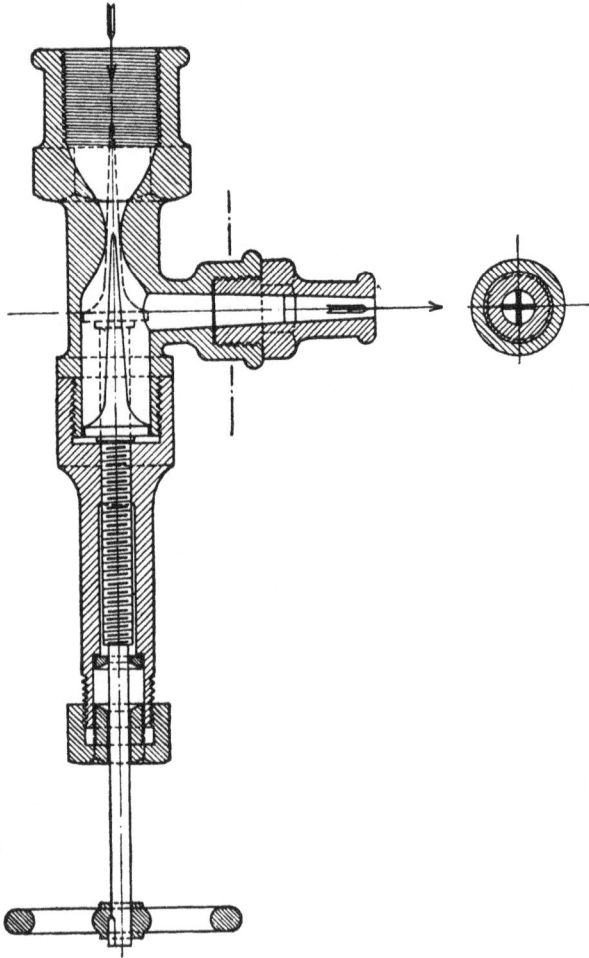

Fig. 12. Krell'ſches Nadelventil.

Anſtauung des Waſſers in den Heizflächen erfolgt. Die ge=
ſamte Rohrführung kann auf Tafel III verfolgt werden, während
Fig. 13 auf der linken Seite des Maſchinenraums die 32 Rück=
leitungen mit den Nadelventilen zeigt, aus denen das ziemlich
ſtark abgekühlte Niederſchlagswaſſer in eine Kupferpfanne ab=

fließt. Kondenstöpfe sind bei diesem System nur zur Entwässerung der Enden der Dampfleitungen in sehr geringer Anzahl notwendig. Das Niederschlagswasser fließt aus der Kupferpfanne in ein im Kesselhause befindliches Sammelbecken, um von hier in die Kessel zurückgespeist zu werden.

In der Mitte der Fig. 13 ist der Hochdruckdampfverteiler zu sehen, der die folgenden Abzweigleitungen trägt:

1. Dampfmaschine,
2. Dampf-Warmwasserkessel f. große Heizkammer (Lüftung der Schwimmhallen),
3. Umgangsheizung Männerschwimmhalle I,
4. Heizung Männerschwimmhalle I,
5. Dampf-Warmwasserkessel und Trockenraum Hundebad,
6. Heizung Männerschwimmhalle II,
7. Umgangsheizung Männerschwimmhalle II,
8. Dampfwarmwasser-Kessel zur Lüftung der Wannen- und Brausebäder,
9. Dampfwarmwasserkessel zur Heizung der Warte- und Eintrittshalle,
10. Dampfwarmwasserkessel zur Heizung der Wannen- und Brausebäder,
11. Heizung Frauenschwimmhalle,
12. Umgangsheizung Frauenschwimmhalle,
13. Winterleitung für römisch-irische Bäder, Dampfbad, Warmluftbad, Heißluftbad,
14. Umwälzpumpen,
15. Sommerleitung für römisch-irische Bäder, Ruheraum, Warmluftbad, Knetraum,
16. Wäscherei,
17. Wäschewärmer und Hilfsstutzen.

Entsprechend tragen die Rückleitungen mit der Nadelventilregelung die folgenden Bezeichnungsschilder:

1. Dampf-Warmwasserkessel für große Heizkammer,
2. Umgangsheizung Männerschwimmhalle I,
3. Männerschwimmhalle I links oben,
4.   „   I links unten,

5. Männerschwimmhalle I rechts unten,
6.   „   I rechts oben,
7. Dampf=Warmwasserkessel Hundebad,
8. Trockenraum Hundebad,
9. Männerschwimmhalle II Decke unten,
10.   „   II Decke oben,
11.   „   II Umgang oben,
12. Umgangsheizung Männerschwimmhalle II,
13. Dampfwarmwasserkessel für Lüftung der Wannen= und Brausebäder,
14. Dampf=Warmwasserkessel für Warte= und Eintrittshalle,
15. Dampf=Warmwasserkessel für Heizung der Wannen= und Brausebäder,
16. Frauenschwimmhalle Brauseraum links,
17.   „   Heizschlange links oben,
18.   „   „   links unten,
19.   „   „   rechts oben,
20.   „   „   rechts unten,
21.   „   Brauseraum rechts,
22. Umgangsheizung Frauenschwimmhalle,
23. Ruheraum, große Heizschlange,
24.   „   kleine Heizschlange,
25. Brauseraum,
26. Dampfbad,
27. Knetraum,
28. Warmluftbad,
29. Heißluftbad,
30. Luftabsaugung Wäscherei,
31. Heizschlange Wäscherei,
32. Verfügbar.

Die Dampfwarmwasserheizung ist in drei Gruppen als Einrohr=Überdruckwasserheizung zur Ausführung gekommen. Bei dieser Bauart wird gegenüber der gewöhnlichen Zweirohr=Niederdruckwasserheizung erheblich an Heizfläche gespart, weil das Heizwasser wegen der Höhenlage des Ausdehnungsgefäßes an sehr kalten Tagen bis auf 120⁰ C erwärmt werden kann, und weil der Temperaturunterschied zwischen Vor= und Rücklauf der Heizkörper im Mittel nur 10⁰ C beträgt. Die Heiz=

körper fallen alſo hier verhältnismäßig ſehr klein aus und laſſen
ſich überall bequem unterbringen. Unter dieſer Vorausſetzung
werden allerdings die Rohrleitungen ſtark, was jedoch für den

Fig. 13. Maſchinen- und Regelungsraum.
(Nadelventilregelung, Waſſerſtandsanzeiger, Dampfverteiler, Kaltwaſſerverteiler.)

Waſſerumlauf und für die Haltbarkeit und Lebensdauer der
Anlage von Vorteil iſt. Dieſe Heizung hat ſich in bezug auf
ſchnelles Anheizen und gleichmäßige Regelbarkeit außerordentlich bewährt und macht trotz der in den Baderäumen unverkleidet

gelaſſenen Rohrleitungen und Heizkörper einen ſehr ruhigen
Eindruck. Selbſt in der Vorhalle, in der Wartehalle und in den
Gängen ſind die Radiatoren ohne Verkleidung geblieben (vgl.

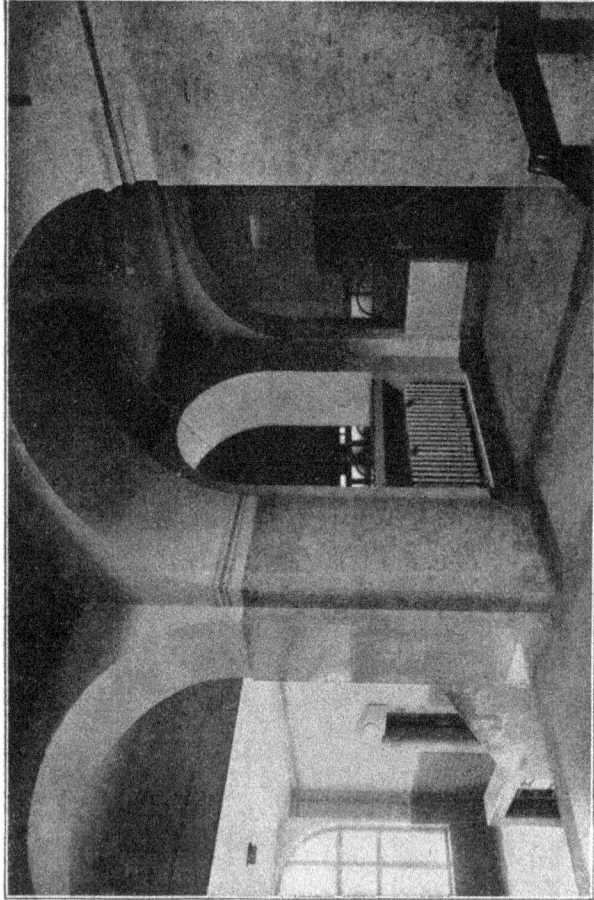

Fig. 14. Unverkleideter Heizkörper in der Eingangshalle.

Fig. 14 u. 15); doch iſt hier von Rohrleitungen nichts zu ſehen,
weil die ſenkrechten Rohre hinter der Wand liegen und die An=
ſchlußrohre durch die Wand hindurchgeführt und von hinten
an die Mittelglieder der Heizkörper mit eingebauten Regel=

Fig. 15. Unverkleidete Heizkörper auf dem Umgang der Wartehalle.

hähnen angeschlossen sind. Damit die Radiatoren nicht wie an die Wand angeklebt oder angehängt aussehen, sind besondere, starke, für das Auge wirklich tragend wirkende Tragstützen an-gefertigt und unter die Endglieder gesetzt worden. Eine Ver-

Fig. 16. Heizschlangen in der Männerschwimmhalle I, über Kopfhöhe.

staubung der Heizkörper ist unter den geschilderten Verhält-nissen völlig ausgeschlossen. Auch wird kein für Schönheit noch so empfängliches Auge von den in der monumentalen Wartehalle des Nürnberger Volksbades ohne Verkleidung aufgestellten Heizkörpern behaupten, daß sie in ihrer schlichten

und anspruchslosen, aber mit Sorgfalt und Liebe in die Raum=
und Flächengliederung eingepaßten Erscheinung nicht schön
wirken. In den drei Schwimmhallen ist ein sowohl in wärme=
technischer Hinsicht, als auch vom Schönheitsstandpunkt aus viel
kühnerer, aber wohlgelungener Versuch bezüglich der Unter=
bringung der Heizflächen gemacht worden: hier wurden die
im Entwurf unter den Fenstern längs der Außenwand mit
Gitterverkleidungen vorgesehenen Einzelheizkörper auf Anregung
des Verfassers über Kopfhöhe als unverkleidete Heizröhren
hinter den Pfeilerreihen in den sog. Stiefelgängen des Erd=
geschosses und der oberen Umgänge angeordnet, wie es die Fig. 16
genauer zeigt. Trotz der hohen Lage der Heizflächen ist aber die
Temperaturverteilung in den Schwimmhallen fast vollkommen
gleichmäßig. In der Schwimmhalle I bei —3,5⁰ C Außen=
temperatur angestellte Messungen (vgl. Abschnitt 6a) haben
als größten Temperaturunterschied 0,9⁰ C ergeben, trotzdem
die Fenster in den Baderäumen in der oben erwähnten Weise
geöffnet waren. Durch die obere Verteilung der Heizflächen
sind nun drei große Vorteile gegenüber der unteren Verteilung
erreicht worden: erstens sind die in den Schwimmhallen und
Gängen gewöhnlich den Verkehr störenden und durch ihre
Strahlung belästigenden Heizkörper in Wegfall gekommen,
zweitens kann keine Verstaubung der Heizflächen eintreten,
und drittens sind statt der oft sehr großen Anzahl von einzelnen
Heizkörpern hier wenige lange Heizröhren vorhanden, deren
Wärmeabgabe infolgedessen vom Maschinenraum aus regel=
bar eingerichtet werden kann.

h) Die Wäscherei.

Dem Volksbad ist ein Wäschereibetrieb angegliedert, der mit
den nötigen Maschinen und Apparaten zum Waschen, Mangeln
und Trocknen der gesamten Wäsche der Anstalt und der Besucher
ausgestattet ist. Zum Antrieb dient eine liegende Dampfmaschine
von 13 bis 18 P. S. der Dinglerschen Maschinenfabrik A.=G. in
Zweibrücken mit entlasteter Kolbensteuerung und Achsenregler,
175 mm Zylinderdurchmesser, 250 mm Kolbenhub und 275 Um=
drehungen in der Minute bei 5 Atmosphären Eintrittsspannung.

4*

Der Abdampf wird zur Warmwasserbereitung in der Wäscherei ausgenutzt, nachdem seine Entölung in einem Abdampfentöler stattgefunden hat.

Für die erste Einrichtung der Wäscherei sind unter der Voraussetzung einer späteren Vergrößerung und Ergänzung zunächst die folgenden Maschinen und Apparate zur Aufstellung gekommen:

eine kippbar eingerichtete Doppeltrommel=, Koch=, Wasch=, Spül= und Bläumaschine mit kupferner Innentrommel von 800 mm Durchmesser und 2700 mm Länge,

eine Spülmaschine aus Pitchpineholz von 2000 mm Länge, 1500 mm Breite und 700 mm Höhe,

eine Schleudertrockenmaschine von 750 mm Durchmesser und 375 mm Höhe,

eine Dampfmangel mit poliertem Heizzylinder von 800 mm Durchmesser und 1700 mm Länge,

eine Kastenmangel mit einer Gestellbreite von 1080 mm und einer Länge von 2450 mm,

zwei fahrbare Einweichbottiche aus Pitchpineholz von 1000 mm Durchmesser und 800 mm Höhe,

zwei Laugenkochfässer aus Pitchpineholz von 500 mm Durchmesser und 850 mm Höhe,

ein Wäschewagen mit Holzgitterkasten von 750 × 650 × 750 mm Größe,

ein Wäschewagen in flacher Form,

ein Kulissentrockenapparat mit 10 ausziehbaren Kulissen.

Im ersten Jahre wurden in der Wäscherei 257 360 Stück Anstaltsbadewäsche und 560 Stück Besucherwäsche, insgesamt also 257 920 Wäschestücke, gewaschen und gemangelt bzw. gebügelt. Außerdem wurde noch die gesamte Personalwäsche und dergleichen dort behandelt. In einer an die Wäscherei angrenzenden Nähstube werden die laufenden Ausbesserungen beschädigter Wäschestücke vorgenommen. Fächer zur ständigen Aufbewahrung der Wäschestücke auf die Dauer eines Vierteljahres wurden insgesamt 1037 gemietet, und zwar 47 v. H. von Männern und 53 v. H. von Frauen.

i) Der Maschinenraum.

Im Laufe der vorangegangenen Darstellungen ist der Maschinenraum bereits stückweise eingehend beschrieben worden, eben weil er so recht das Herz der gesamten technischen Anlagen darstellt. Es bleibt deshalb nur mehr ergänzend zu erwähnen, daß in ihm auch jene Maschinen Aufstellung gefunden haben, die sonst in anderen Bädern ohne Rücksicht auf ihre innere Zusammengehörigkeit an gerade passend erscheinenden Stellen im Baue verteilt werden, z. B. die Dampfmaschine von 13—18 PS zum Antriebe der gleich nebenan gelegenen Wäscherei, ferner der Motor zum Antrieb des Luftgebläses und die Schleuderpumpe. Auch die Schalttafel im Maschinenraum ist zu wiederholten Malen im Laufe der Beschreibung im Zusammenhange mit der Klarlegung der Fernregelung eingehend behandelt worden. Die Schalttafel ist auf Tafel IV maßstäblich dargestellt, wobei die Meßleitungen schematisch an die Meßgeräte herangezeichnet sind. Sie besteht aus einem, mit poliertem Plattenbelag versehenen, gemauerten Sockel, auf dem die Handräder der mechanischen Klappenfernstellvorrichtungen angebracht sind, aus einer marmornen Brüstungsplatte, auf der die Kleindruckmeßgeräte zur Luftdruckfernanzeige der Luftdrücke und Luftmengen stehen, und aus einer großen weißen Marmortafel, auf der rechts und links die Anlaß-, Regel- und Sicherungsvorrichtungen für die Motoren des Luftgebläses und der Pumpe und im Mittelfeld die Temperaturfernzeigeapparate übersichtlich verteilt sind. Diese letzteren sind im ganzen sechs Meßgeräte von Hartmann & Braun, auf denen (von links nach rechts fortschreitend) die folgenden Temperaturen abzulesen sind:

1. Außentemperatur im Luftentnahmeschacht,
2. Temperaturen der Warmluftkanäle, Bäder u. Wartehalle:
Kanaltemperatur der Männerschwimmhalle I,

    „   „   „   II,

    „   „ Frauenschwimmhalle,

    „   „ Wannen- und Brausebäder, Wirtschaftsseite,

    „   „   „   „ Wohnungsseite,

Raumtemperatur der Männerschwimmhalle I,

„　　　　„　　　　　„　　　　II,

„　　　　„ Frauenschwimmhalle,

„　　　　„ Wannen= und Brausebäder, Erdgeschoß,

„　　　„　　„　　„　　„ Obergeschoß,
Wirtschaftsseite,

„　　„　　„　　„　　„ Obergeschoß,
Wohnungsseite,

„　　„ Wartehalle,

„ des Hundebades.

3. Temperaturen der römisch=irischen Bäder:

Dampfbad,　　　　　Knetraum,

Brausebad,　　　　　Warmluftbad,

Ruheraum,　　　　　Heißluftbad.

4. Temperaturen der Dampfwarmwasserkessel:

Lüftung der Wannen= und Brausebäder,

Heizung der Wartehalle,

Heizung der Wannen= und Brausebäder,

Lüftung der drei Schwimmhallen,

Heizung des Hundebades,

Warmwasserbereitung für die Wäscherei.

5. Wassertemperaturen der drei Schwimmbecken:

Männerschwimmhalle I,

„　　　　II,

Frauenschwimmhalle.

6. Temperaturen in den Wasserbehältern:

Warmwasserbehälter im Turm,

Behälter unter der Wartehalle,

Verfügbar.

Sämtliche Temperaturanzeiger werden durch einen Schalter zu gleicher Zeit ein= und ausgeschaltet, während die einzelnen Temperaturen auf jedem Meßgerät nach Einrückung des Dreh= schalters auf den betreffenden Stromschluß sofort einspringen.

Die Schalttafel trägt endlich noch eine elektrische Uhr, ein Schild mit Jahreszahl und Angaben über Entwurf und Aus= führung der Anlage und zwei elektrische Lampen. Der Raum hinter der Schalttafel ist seitlich und oben vollständig geschlossen,

aber für alle Leitungen und Verbindungsſtellen durch zwei
Eingangstüren bequem und frei zugänglich.

k) Die Koſten der techniſchen Einrichtungen.

Die Koſten für die geſamten, im vorſtehenden beſchriebenen
techniſchen Einrichtungen innerhalb des Bades, jedoch ohne
die notwendigen Bauarbeiten, betrugen 243 132,25 M. Dazu
kommen noch die Koſten für die nachträglich an die Keſſel an=
gebaute Rauchgasvorwärmeranlage.

Der Koſtenanſchlag enthält die folgenden Titel:

A. Hochdruckdampfkeſſelanlage.
  I. Keſſel mit Zubehör,
  II. Roſtbeſchicker,
  III. Förderanlage.

B. Überdruckwarmwaſſerheizung und Lüftungsanlage für die
   Wannen= und Brauſebäder.
  I. Warmwaſſerkeſſel,
  II. Heizkörper,
  III. Rohrleitungen,
  IV. Regelungsvorrichtungen,
  V. Verſchiedenes.

C. Überdruckwarmwaſſerheizung und Lüftungsanlage für die
   Wartehalle, das Hundebad und die Aborte.
  I. Warmwaſſerkeſſel,
  II. Heizkörper,
  III. Rohrleitungen,
  IV. Regelungsvorrichtungen,
  V. Verſchiedenes.

D. Hochdruckdampfheizung und Lüftungsanlage für die drei
   Schwimmhallen.
  I. Keſſel,
  II. Heizkörper,
  III. Rohrleitungen,
  IV. Regelungsvorrichtungen,
  V. Verſchiedenes.

E. Hochdruckdampfheizung für die Dampf= und Heißluftbäder.
  I. Heizkörper,
  II. Rohrleitungen,   III. Regelungsvorrichtungen.

F. Luftgebläse, Fernmeß- und Stellvorrichtungen, Dampf-
verteilung und Wärmeregelung der Heizungs- und Lüftungsanlagen.

   I. Luftgebläse mit Schalttafeleinrichtung,
  II. Luftregelungsklappen,
 III. Druckmeßgeräte und Leitungen,
  IV. Fernthermometer,
   V. Hauptdampfverteiler,
  VI. Verschiedenes.

G. Badeeinrichtungen.

   I. Wasserverteilungsstelle,
  II. Pumpenanlage,
 III. Warm- und Kaltwasserleitungen.

    1. Pumpen- und Hauptleitungen im Regelungsraum,
    2. Leitungen für die Hochbehälter und die Vertei-
       lung für Schwimmhallen und Einzelbäder,
    3. Pumpenleitungen aus Gußeisen und galvanisierte
       Mannesmannrohre,
    4. Hochdruckwasserleitungen.

  IV. Einrichtung der Baderäume.

    1. Schwimmhallen,
    2. Wannen- und Brausebäder,
    3. Römisch-irische Bäder.

   V. Abflußleitungen,
  VI. Verschiedenes.

H. Wäschereieinrichtung.

   I. Betriebsmaschine,
  II. Wäschereimaschinen,
 III. Zubehör.

J. Hochbehälter.

   I. Kaltwasserbehälter,
  II. Warmwasserbehälter.

4. Luftmengenmessung.[1]

Die Messung von Luftmengen ist in ausgeführten Lüftungsanlagen mit mancherlei Schwierigkeiten verknüpft, ja
oftmals unmöglich, wenn nicht von vornherein auf einen
annehmbaren Genauigkeitsgrad überhaupt verzichtet wird.
In der Praxis wird für die dauernde Überwachung von Lüftungsanlagen zumeist das manometrische Verfahren der Luftgeschwin-
digkeitsmessung angewendet, weil es die Ablesung von Augen-
blickswerten gestattet, im Gegensatz zu der Unterschiedsbestim-
mung bei der anemometrischen Methode. Als Meßgeräte haben
sich in letzter Zeit wohl allgemein die sog. Staurohre eingeführt,
nachdem sich die Stauscheibe wegen der wechselnden Größe
ihres Beiwertes in Kanälen als unzweckmäßig erwiesen hatte.

Wie schwierig nun aber die Messung mit dem Staurohre
trotz der großen Genauigkeit der absoluten Anzeigen des
Gerätes vorzunehmen ist, das geht wieder einmal deutlich
aus den im Jahre 1912 veröffentlichten „Regeln für Leistungsversuche an Ventilatoren und Kompressoren" hervor. Der
hauptsächlichste Nachteil bei der Anwendung der bisherigen
Verfahren bleibt die sehr ungleiche Verteilung der Luftgeschwindigkeit über den Kanalquerschnitt: das Staugerät muß an der
durch langwierige Vorversuche ermittelten Stelle der mittleren
Luftgeschwindigkeit im Kanal befestigt werden.

Diese Schwierigkeit wird durch die Düsenmessung um-
gangen, die jedoch wieder den Nachteil des größeren Wider-
standes aufweist, der bei gewöhnlichen Lüftungsanlagen einen
erheblichen Teil des Gesamtwiderstandes ausmachen kann —
natürlich auf Kosten der Wirtschaftlichkeit des Gebläsebetriebes.

In Anbetracht dieser Sachlage hat sich Verfasser schon im
Jahre 1911 entschlossen, in die Lüftungstechnik ein von diesen
Nachteilen freies Meßgerät einzuführen, dessen Leistungen auf
dem Gebiete der Wassermessung neuerdings auch in Deutschland

---

[1] Siehe Dietz: Die Einführung des Venturimessers in die Lüftungstechnik, Gesundheits-Ingenieur 1913, Nr. 48, Verlag R. Oldenbourg, München.

sehr geschätzt sind, nämlich den Venturimesser[1]). Inzwischen
ist eine solche Venturi-Meßvorrichtung in dem jetzt eröffneten
Städtischen Volksbad in Nürnberg für eine stündliche Luftmenge
von 80000 cbm nach den Angaben und unter der Leitung des
Verfassers erstmalig zur Ausführung gelangt und hat ihre prak-
tische Brauchbarkeit und ihre großen Vorzüge durch die vor-
genommenen und weiter unten mitgeteilten Proben bewiesen.

Auch Professor Dr. Prandtl hat in den obengenannten
„Regeln für Leistungsversuche an Ventilatoren und Kompressoren"[2]) ganz kurz auf die Möglichkeit der Verwendung
des Venturimessers hingewiesen, indem er auf S. 45 sagt:
„Will man — beim Einbau im Innern der Rohrleitung — die
durch den Druckabfall (bei Düsen) bedingte Energie nicht ganz
verlieren, so kann man an die Verengung wieder eine allmähliche Erweiterung anschließen und erhält so eine Einrichtung
ähnlich dem Venturi-Wassermesser. Wegen des bequemeren
Ein- oder Anbaues wird man aber meist die ersteren Formen
(d. h. die Düsen) vorziehen." Nun ist es aber gerade in Gebäude-
lüftungsanlagen, wo es sich meistens um sehr geringe Druckunterschiede, z. B. 3 bis 6 mm Wassersäule, handelt, die ein
Luftgebläse zu überwinden hat, sehr mißlich, wenn zu diesen
noch ein erheblicher Druckabfall für das Meßgerät selbst hinzukommt; denn die Möglichkeit der Verwendung maschineller
Lüftung wird ja durch diesen Umstand bei Niederdrucklüftungs-
anlagen geradezu in Frage gestellt. Auch hat sich gezeigt, daß
der Einbau von Venturimessern selbst großer Abmessungen
keine Schwierigkeiten bietet.

Betrachten wir in Fig. 17 eine Venturidüse, deren Querschnitt F sich zunächst von A nach B auf f verengt und sich darauf
bis C ganz allmählich wieder auf F erweitert, und die von der
Flüssigkeitsmenge Q in der Pfeilrichtung durchflossen werde,
dann nimmt die mittlere Geschwindigkeit v in A bis zur engsten
Stelle B zunächst auf V zu, um allmählich bis C wieder auf v

---

[1]) So genannt nach dem italienischen Gelehrten Venturi, der
das Prinzip als Professor an der Universität Bologna im Jahre 1796
wissenschaftlich begründet haben soll.

[2]) Aufgestellt vom Verein Deutscher Ingenieure und vom Verein
Deutscher Maschinenbauanstalten im Jahre 1912.

abzunehmen. Die entsprechenden Drücke an der weitesten und engsten Stelle A bzw. B mögen P bzw. p sein.

Für die weitere Betrachtung kommen wir bei den in Nieder=drucklüftungsanlagen vorhandenen geringen Druckunterschieden mit den folgenden einfachen Beziehungen aus:

Bei gleichbleibender Strömung gilt der Satz, daß die mechanische Energie der Raumeinheit der strömenden Flüssig=

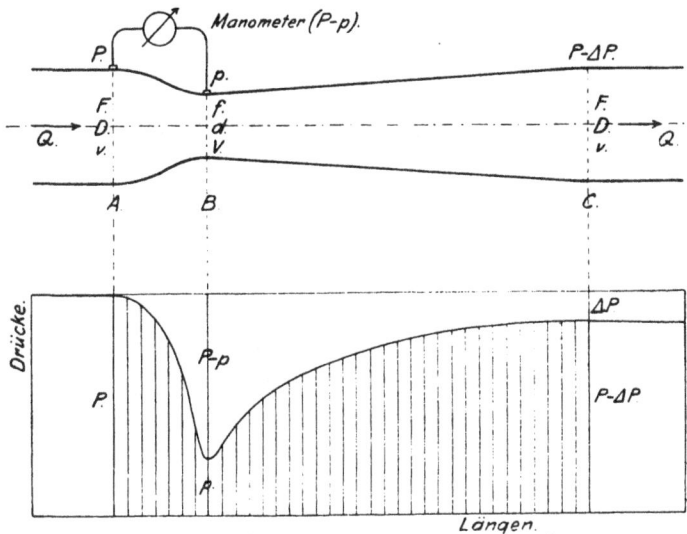

Fig. 17 und 18.   Die Grundlage der Venturimessung.

keit unveränderlich ist. Diese mechanische Energie setzt sich aus einem potentiellen Teile (Wandungsdruck) und einem kinetischen Teile (Geschwindigkeitsdruck) zusammen; mithin müssen die Gesamtdrucke in den beiden Querschnitten F und f einander gleich sein:

$$P + \frac{v^2}{2g}\gamma = p + \frac{V^2}{2g}\gamma \quad . \quad . \quad . \quad . \quad 1)$$

Schaltet man nun zwischen diesen beiden Querschnitten einen Druckmesser ein, so kann man den Druckunterschied (P—p) messen, der sich aus Gl. (1) bestimmt zu:

$$P - p = \frac{V^2 - v^2}{2g}\gamma \quad . \quad . \quad . \quad . \quad 2)$$

Nach dem in Fig. 18 eingezeichneten Diagramm wird die
Drucklinie annähernd verlaufen, die zuerst bis zur engsten
Stelle von P auf p fällt, um dann in der allmählichen Düsen-
erweiterung von B bis C auf einen Druck (P — ⊿P) wieder

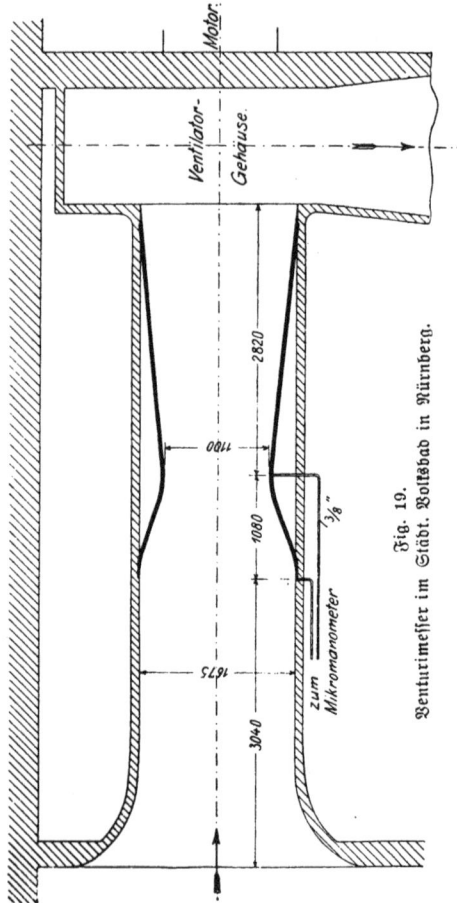

Fig. 19.

anzusteigen. Der Anstieg erfolgt auf Grund des oben angeführten
Satzes infolge allmählicher Umsetzung des größten Teiles der
Geschwindigkeitshöhe in nutzbare Druckhöhe. Dabei wird der
Anfangsdruck P innerhalb physikalisch bestimmter Grenzen

um einen nur kleinen Bruchteil ΔP unterschritten, der den Druckumsetzungsverlust infolge von Reibungs= und Wirbe= lungswiderständen zwischen A und C darstellt.

Die Ausführung des Venturimessers im Städtischen Volks= bad Nürnberg ist in Fig. 19 dargestellt. Der Einbau und die für die Meßeinrichtung gewählten Verhältnisse sind nicht besonders günstig, weil die Bauanlage nicht. den genügenden Platz für die Längenentwicklung bot. In ein aus Zementrabitz her= gestelltes, innen glattes Rohr von 1,675 m Durchmesser ist die Venturidüse aus Gipsrabitz von 3,90 m Länge mit einem kleinsten Durchmesser von 1,10 m eingespannt worden. Die Wandungen sind innen sorgfältig geglättet, und die Herstellung der allmählichen Querschnittsübergänge ist mit Hilfe von Holz= leeren erfolgt, die genau nach den in der Zeichnung eingeschrie= benen Maßen angefertigt waren. Der knappen Raumverhält= nisse wegen mußte die konische Düsenerweiterung unmittelbar im Gebläsegehäuse endigend ausgeführt werden. Die mithin durch die Flügel erzeugte Drehbewegung der Luft im konisch erweiterten Teil wird aber auf die 2,82 m zurückliegende Druck= messung keinen Einfluß mehr ausüben. Die an die Innenwan= dungen bündig angesetzten und von hier nach einem Krellschen Kleindruckmesser führenden Meßleitungen sind als $^3/_8''$ Rohre ausgeführt.

Für die hier vorliegende Ausführung ist die Luftmenge Q = 80 000 cbm/Std. von Raumtemperatur, daher die Luft= geschwindigkeit im zylindrischen Rohrteile v = 10,10 m/Sek. und im engsten Querschnitt V = 23,30 m/Sek. Gemäß Gl. (2) wäre also der gemessene Druckabfall:

$$P - p = \frac{23,30^2 - 10,10^2}{2 \cdot 9,81} \cdot 1,2 = 26,86 \text{ mm WS.}$$

Hieraus ergab sich als zweckmäßige Übersetzung der Klein= druckmesserröhre die Neigung 1:4, oder auf 90 proz. Alkohol bezogen 1:3,2. Die Ausrechnung der Druckunterschiede (P — p) für verschiedene Luftmengen ist in der folgenden Tabelle ent= halten:

Q =	10 000	20 000	40 000	60 000	80 000	90 000 cbm/Std.,
v =	1,25	2,50	5,05	7,57	10,10	11,25 m/sek,
V =	2,91	5,83	11,65	17,48	23,30	26,21 m/sek,
P — p =	0,42	1,69	6,75	15,30	26,86	34,30 mm WS.

Nach diesen Zahlen wurde die in Fig. 20 wiedergegebene Teilung an der Kleindruckmesserröhre eingeteilt. Von dieser Teilung können somit gemäß dem unteren Maßstabe die Milli=meter Wassersäulenhöhe und nach dem oberen Maßstab un=mittelbar die stündlichen Luftmengen in cbm abgelesen werden.

Eine Nachprüfung dieser Meßteilung wurde durch eine Vergleichsmessung auf folgende Weise ausgeführt: Das Luft=gebläse wurde bei gleichbleibender Umdrehungszahl und bei gleichbleibenden räumlichen Widerständen des Kanalnetzes auf eine bestimmte Luftförderung eingestellt und dabei an

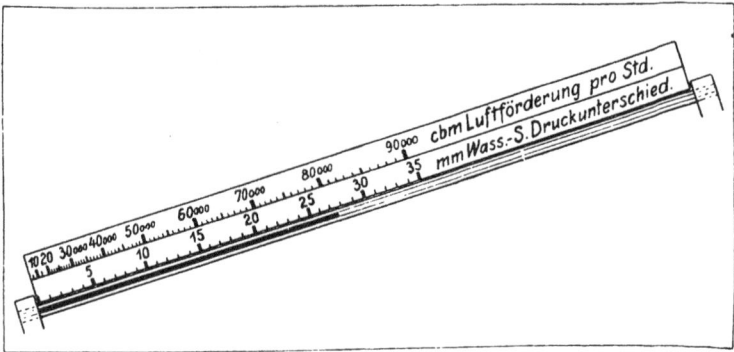

Fig. 20. Teilung an der Kleindruckmesserröhre.

der Meßteilung zu Beginn des Versuches 82500 cbm und am Ende des Versuches 81500 cbm, im Mittel also 82000 cbm in der Stunde, abgelesen. Während dieser Zeit wurden über einen ganzen Querschnitt des 3 m mal 3,66 m = 10,98 qm großen Luftsaugkanals an 62 Stellen die Luftge=schwindigkeiten mittels eines Prandtlschen Staurohres gemessen. Diese 62 Ablesungen an einem Kleindruckmesser mit geringer Neigung der Meßröhre ergaben als Mittel einen Ausschlag von 0,267 mm WS und daher als mittlere Kanalgeschwindigkeit:

$$w = \sqrt{\frac{2 \cdot 9,81 \cdot 0,267}{1,2}} = 2,09 \text{ m/sek.}$$

Rechnet man dagegen aus den oben abgelesenen 82000 cbm
ebenfalls diese mittlere Geschwindigkeit aus, so ergibt sich:

$$w = \frac{82000}{3600 \cdot 10{,}98} = 2{,}07 \text{ m/sek.,}$$

d. h. eine Abweichung von nur 1 v. H. Für die Praxis kommt
es aber auf eine so große Genauigkeit überhaupt nicht an.

Einer wissenschaftlichen Untersuchungsanstalt würde es
vorbehalten sein, weitergehende Prüfungen durchzuführen;
für die Praxis der Lüftungstechnik ist hoffentlich die Brauch=
barkeit der Venturimessung durch vorstehende Versuche genügend
dargetan worden. Leider war es wegen des ungünstigen Ein=
baues der Venturidüse nicht möglich, den durch dieselbe verur=
sachten Gesamtdruckverlust durch Messung zu bestimmen; doch
kann dieser gemäß der Theorie nicht erheblich sein, wenigstens
ergaben auch die Druckmessungen zwischen der Saug= und Druck=
luftkammer des Luftgebläses keinerlei Anhalt für einen irgend=
wie nennenswerten Druckverlust. Ein Luftgeräusch hat sich
trotz der hohen Luftgeschwindigkeit von über 23 m an der eng=
sten Stelle der Venturidüse nicht störend bemerkbar gemacht.

Die Vorzüge der Venturimessung liegen klar vor Augen:
Unabhängigkeit von der Luftgeschwindigkeitsverteilung über
den Kanalquerschnitt, Erzielung eines großen Druckabfalles
durch starke Einschnürung ohne erheblichen Druckverlust, daher
genaue und augenblicklich erfolgende Ausschläge des Flüssig=
keitsfadens in der stark geneigten Kleindruckmesserröhre,
Fortfall des Meßinstrumentes im Kanalinnern, und daher auch
Fortfall der Eichung von Meßgeräten und jeglicher Vor=
versuche bei der Inbetriebsetzung, da die Bestimmung der
Meßteilung durch einfache Rechnung gemäß der Theorie erfolgt.

5. Regelung der Durchflußmengen von Wasser und Luft.[1])

Bekanntlich gehört die dem jeweiligen Bedarf angepaßte, zwangsweise Änderung der Liefermengen von Flüssigkeiten durch Drossel- oder Regelorgane zu den alltäglichen Aufgaben der Heizungs- und Lüftungstechnik, ja des praktischen Lebens überhaupt. Daher weiß auch aus der Erfahrung nicht allein der Fachmann, daß einer fortgesetzten gleichen Verstellung des Regelorganes in den wenigsten Fällen eine verhältnismäßige Änderung der Durchflußmengen entspricht. Es strömt durch den halb geöffneten Querschnitt nicht etwa die halbe Flüssigkeitsmenge; die Regelung ist vielmehr in dem unteren Hubbereiche sehr empfindlich, in dem oberen dagegen auffällig unempfindlich. Beim Öffnen eines Ventiles, Hahnes, einer Klappe oder irgendeines anderen Regel- oder Drosselorganes der gewöhnlichen Bauarten genügt schon eine kleine Verstellung, um die Durchflußmenge bei unveränderter Druckhöhe unverhältnismäßig zu steigern, während nach einer kurzen Übergangsstrecke gegen die Mitte des Hubes hin das Umgekehrte eintritt: es erfolgt von hier ab auf eine unverhältnismäßig große Verstellung nur mehr eine sehr geringe Zunahme der durchfließenden Flüssigkeitsmenge. Beim vollständigen Öffnen oder Schließen des Regelorganes aus einer seiner beiden Endstellungen ist dieses Verhalten ziemlich bedeutungslos; es kann bei unvorsichtiger oder zu plötzlicher Handhabung höchstens zu den bekannten Schlägen (bei Wasser) oder zu Undichtigkeiten infolge zu heftiger Ausdehnung der Leitungen (bei Dampf) führen. Wo es sich aber darum handelt, einen bestimmten Flüssigkeitsdurchfluß einzustellen bzw. zwei oder mehrere voneinander abhängige Leitungen gegeneinander in ihren Liefermengen abzustimmen, da ist — abgesehen von dem jedesmaligen großen Zeitaufwand — zur Erzielung eines einigermaßen befriedigenden Erfolges schon eine erhebliche Geschicklichkeit und Feinfühligkeit in der Betätigung der Regelvor-

---

[1]) Siehe Gesundheits-Ingenieur 1917, Nr. 36.

richtungen erforderlich, sofern nicht diese Vornahmen durch
Anzeigevorrichtungen unterstützt werden, an denen die Durch=
flußmengen unmittelbar abgelesen werden können. Gerade
in denjenigen Fällen, wo in der Heizungs= und Lüftungs=
praxis derartige Meßgeräte eingebaut sind, wird man sich
— besonders bei der gegenseitigen Abstimmung von Leitungs=
netzen — der eigentlichen Schwierigkeit erst recht bewußt,
die darin besteht, daß sich mit jeder Änderung der Flüssigkeits=
menge irgendeines Stranges infolge der dadurch hervorge=
rufenen Druckänderung sofort andere nicht gewollte Liefer=
mengen in den benachbarten Strängen von selbst einstellen,
die aber an Hand der Meßanzeigen leicht geändert werden
können. Der Einregelnde gewinnt bei solchen Vornahmen
die zweifellos richtige Überzeugung, daß er bei einer etwaigen
Wiederholung seiner Aufgabe ohne Benutzung von Meß=
geräten eine befriedigende Einstellung keinesfalls erreichen
würde. Ganz besonders ist dies da der Fall, wo die Einstellung
einer bestimmten Liefermenge nur die eine Forderung ist,
zu der die andere in Gestalt einer bestimmten, einzuhaltenden
Temperatur bei möglicherweise sich ändernder Druckhöhe noch
hinzukommt. Diese Forderung tritt beispielsweise hauptsächlich
bei Lüftungsanlagen auf, bei denen die Temperatur der in
die Räume einzuführenden Luftmengen gleich oder etwas höher
als die Raumtemperatur sein soll. Bei einigermaßen ver=
zweigten Lüftungs= und Heizungsanlagen ist hier das einzige
Mittel in der Verwendung von Temperatur= und Luftmengen=
Fernmeßgeräten in Verbindung mit Fernstellvorrichtungen
gegeben.

Die Nichtbeachtung oder Verkennung der geschilderten
Tatsachen ist zum großen Teil schuld an der unbefriedigenden
Wirkung so mancher Lüftungsanlagen, die nur mangels rich=
tiger Einstellung nicht zweckentsprechend arbeiten können.

Die in Frage kommenden Fördergüter sind Dampf, Wasser
und Luft. Bezüglich der beiden letzteren wurden zur Unter=
suchung der auftretenden Erscheinungen, d. h. der Abhängig=
keit der Liefermengen von der Stellung des Regelorganes,
zwei Versuchsreihen durchgeführt: die eine bei Luftförderung
durch eine Luftklappe von 2,17 m × 3,40 m lichter Weite,

5

die andere bei Wasserförderung durch einen Wasserschieber von 40 mm lichtem Durchmesser. Die Beschreibung der Versuche wird zeigen, daß die Abhängigkeit der durchfließenden Fördermengen von der Stellung der Regelorgane trotz deren äußerer Formverschiedenheit in beiden Fällen die gleiche Gesetzmäßigkeit aufweist.

a) Versuche mit Luft.

Die Einrichtung (Versuchsanordnung) der Lüftungsanlage ist gemäß der schematischen Fig. 21 folgende: Von der durch ein Lufthäuschen abgedeckten Luftentnahmestelle tritt die

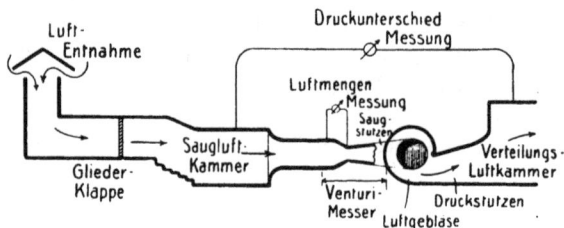

Fig. 21. Schema der Lüftungsanlage im Städt. Volksbad zu Nürnberg.

Frischluft zunächst in einen Saugkanal von 3 m Breite und 3,66 m Höhe, wobei sie die Frischluftgliederklappe (den Versuchsgegenstand) durchströmt, um sodann durch eine Saugluftkammer vom Luftgebläse angesaugt und in die Verteilungsluftkammer gedrückt zu werden. Der Antrieb des Luftgebläses erfolgte zuerst mittels Riementriebes durch einen offenen[1]) Repulsionsmotor der Siemens-Schuckertwerke von 10 PS mit Schleuderkurzschließer. Der Einphasenwechselstrom hat 110 bis 120 V Spannung und 50 Perioden in der Sekunde. Unter Verwendung einer Anlaßvorrichtung an der Bürstenbrücke ist es mittels Seilfernantriebes möglich, von der Schalttafel[2]) aus eine Regelung der Turenzahl in den Grenzen von 600 bis 1000 in der Minute für Dauerlauf zu erzielen. Das Verhalten des

---

[1]) Der Motor ist später von den Siemens-Schuckertwerken durch einen solchen von geschlossener Bauart ersetzt worden.

[2]) Siehe Handrad im linken Felde der Schalttafel.

Motors bei verſchiedenen Belaſtungen durch das Gebläſe war folgendes:

1. Zur Begrenzung der höchſten Turenzahl des Motors auf 1000 in der Minute rückt ſich bei allmählicher Entlaſtung — alſo beim Schließen der Luftklappe und ſomit bei Steigerung der Drehzahl — der Schleuderkurzſchließer bei Erreichung der Turenzahl 1000 von ſelbſt ein;

2. bei eingerücktem Kurzſchließer iſt die Umdrehungszahl nahezu unabhängig von der Belaſtung und faſt unveränderlich ungefähr 1000 in der Minute;

3. bei nicht eingerücktem Kurzſchließer nimmt die Turenzahl mit zunehmender Luftmenge — entſprechend der allmählichen Öffnung der Luftklappe und der zunehmenden Luftbelaſtung des Gebläſes — ab nach einer Kurve, die ungefähr der Abnahme des Druckunterſchiedes zwiſchen Saug= und Druckkammer entſpricht.

Auf Grund dieſes Verhaltens im Betriebe wurden die geförderten Luftmengen in Abhängigkeit von der Klappenſtellung a) bei unveränderlicher Umdrehungszahl mit eingerücktem Kurzſchließer und b) bei veränderlicher Umdrehungszahl ohne Einrückung des Kurzſchließers gemeſſen.

Die Luftmengenmeſſung (Fig. 19) erfolgte mittels des Venturimeſſers (ſiehe Abſchnitt 4) durch unmittelbare Ableſung der ſtündlichen Luftmengen an einem Krellſchen Feindruckanzeiger in der geſchilderten Weiſe an der Schalttafel[1]. Der Venturimeſſer (Fig. 19) hat einen großen inneren Durchmeſſer von 1,675 m und einen kleinen inneren Durchmeſſer von 1,10 m. Seine Meßgenauigkeit war — allerdings bei nur einer Luftgeſchwindigkeit — durch Vergleichsmeſſung feſtgeſtellt worden und hatte eine Abweichung von nur 1 v. H. ergeben.

Der Verſuchsgegenſtand, die Gliederklappe, iſt ſchematiſch in Fig. 22 wiedergegeben. Ihr lichter Querſchnitt von 2,17 m Breite mal 3,40 m Höhe iſt in 2 ſenkrechte Hälften unterteilt, deren jede 11 Stück um wagrechte Achſen drehbare Lamellen beſitzt. Dieſe ſind in der üblichen Weiſe durch Gelenke gekuppelt und können mittels Drahtſeilfernſtellung durch eine

---

[1] Erſtes Meßgerät von links gerechnet auf dem Sockelbrett.

Dreivierteldrehung des gemeinsamen Handrades auf der Schalt=
tafel[1]) zwischen Auf und Zu in jede Zwischenstellung bewegt
werden, die durch einen Teilungszeiger am Handrad abzulesen
ist. Die Fig. 23 zeigt die untersuchten Zwischenstellungen zwischen
Auf und Zu, wobei nur die obere Hälfte einer Lamelle und die
Drehachse gezeichnet sind. Der Strömungsverlauf eines mitt=
leren Luftteilchens ist mit seiner Ablenkung in jeder Klappen=
stellung durch punktierte Linien angedeutet.

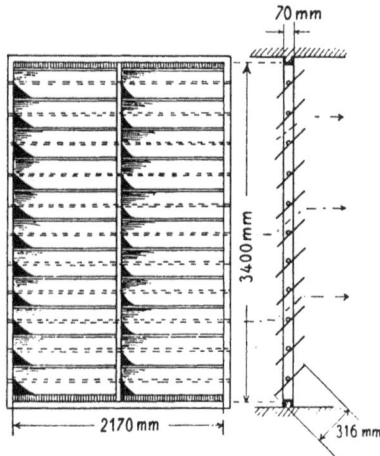

Fig. 22. Frischluft=Gliederklappe.

Die Breite einer Lamelle beträgt 316 mm; daher ist der
Radius des Kreises, auf dessen Bogen die Öffnungsweiten der
jeweiligen Klappenstellung aufgetragen sind (Fig. 22), 158 mm
groß. Die Stellung „Auf" entspricht einer Öffnungsweite von
210,6 mm Bogenlänge. Für die Stellung „Zu" bestand in=
sofern eine Schwierigkeit, als zur Zeit der Versuche kein praktisch
dichter Schluß der Klappe zu erreichen war — das wurde erst
später geändert. Eine genaue Nachmessung ergab nämlich
bei der Stellung „Zu" noch einen freien Öffnungsquerschnitt
der Klappe von etwa 0,121 qm. Dies entspricht, da der ge=
samte freie Querschnitt der geöffneten Klappe 6,85 qm be=
trägt, dem 56,6ten Teil des letzteren oder, in Bogenmaß um=

---

[1]) Erstes Handrad von links gerechnet am Sockel.

gerechnet und unter entſprechender Berückſichtigung der Eck=
fugen, etwa 4,4 mm ganzer Öffnungsweite. Die Klappe war
alſo in der Anfangsſtellung bereits 4,4 mm weit geöffnet,
was in den folgenden Tabellen und Kurvendarſtellungen be=
rückſichtigt iſt. Somit iſt dieſe Fehlerquelle beſeitigt.

Bei praktiſchen Meſſungen in Heizungs= und Lüftungs=
betrieben ſind ſtets die Verſuchsbedingungen näher zu er=

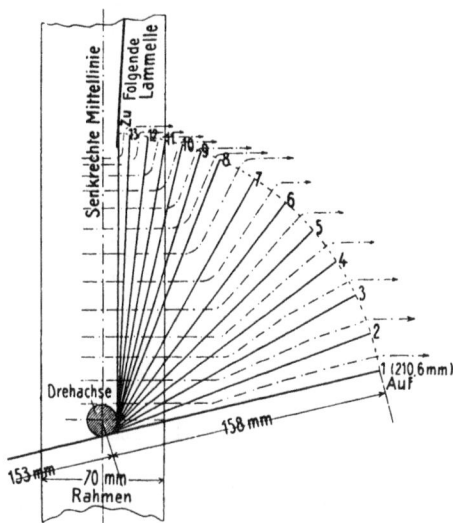

Fig. 23. Die unterſuchten Zwiſchenſtellungen der Gliederklappe.

örtern, weil durch die eintretenden Verhältniſſe leicht Störungen,
wie unerwünſchtes Öffnen oder Schließen von Türen, Luft=
klappen uſw., bedingt werden. Im vorliegenden Falle wur=
den alle dieſe Störungen ſelbſtverſtändlich ferngehalten. Es
wurde z. B. während der Verſuche darauf geachtet, daß Außen=
türen und Fenſter nicht geöffnet wurden. Wegen der damals
kurz vor der Eröffnung des Bades im Gange befindlichen Maler=
arbeiten wurden ferner eine Anzahl von Luftklappen geſchloſſen
gehalten, die während der Verſuche in ihrer Stellung nicht
geändert wurden. Die einzige willkürliche Änderung des
Verſuchsſyſtemes beſtand alſo in der jeweiligen Veränderung

der Öffnungsweite der untersuchten Gliederklappe bei verschieden
eingestelltem elektrischen Regelwiderstand. Die abhängig ver=
änderlichen Größen waren somit hauptsächlich der Kanal= und
der Klappenwiderstand sowie die zu bestimmenden Luftmengen.

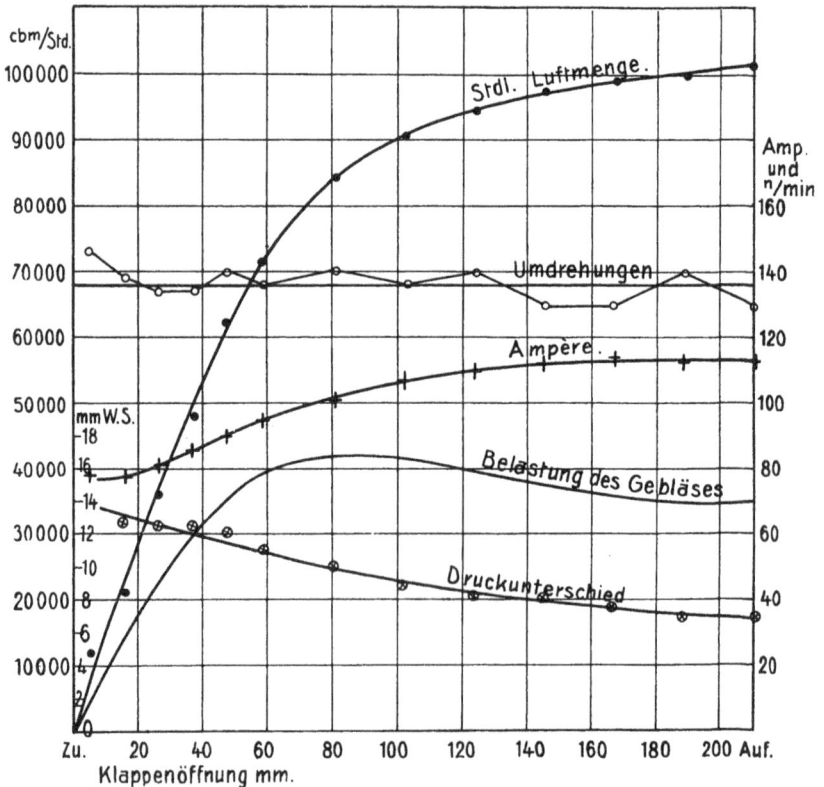

Fig. 24. Abhängigkeit der Luftmengen von der Öffnungsweite der Gliederklappe bei
unveränderlicher Umbrehungszahl.

Der Kanal= und Klappenwiderstand wurden nicht getrennt
sondern zusammen gemessen und bilden den Gesamtdruckunter=
schied zwischen der Saug= und der Druckkammer, der gemäß
Fig. 24 von der Zu= bis zur Auf=Stellung der Klappe auf etwa
die Hälfte des Anfangswertes herabging.

Die Messungen wurden Ende Oktober 1913 bei einer Luft=
temperatur von $+ 12^0$ C vorgenommen und ergaben die in
den folgenden Tabellen 1 bis 4 niedergelegten Werte.

Tabelle 1.

Luftmengen bei unveränderlicher Umdrehungszahl mit eingerücktem Kurzschließer. (Hierzu Fig. 24.)

Klappen-stellung Nr.	Öffnungs-weite mm	Drehzahl des Luft-gebläses in der Minute	Bolt	Amp.	Druckunter-schied zwischen Saug- und Druckkammer mm WS	Luftmenge cbm/Std.
Auf 1	211	130	116,5	113	6,9	102 000
2	189	140	116,5	113	7,0	100 000
3	167	130	116,5	114	7,5	99 000
4	146	130	117,0	112	8,0	98 000
5	124	140	116,5	110	8,3	94 500
6	102	136	116,5	107	9,0	90 500
7	80	140	117,0	101	10,0	84 500
8	59	136	117,0	95	11,0	71 500
9	48	140	117,0	90	12,2	62 500
10	37	134	117,0	86	12,4	48 000
11	27	134	117,0	81	12,5	36 000
12	16	138	117,0	78	12,8	21 000
13 Zu.	4,4	146	116,5	78	14,0	12 000

Tabelle 2.

Luftmengen bei veränderlicher Umdrehungszahl und hoher Belastung mit nicht eingerücktem Kurzschließer. (Hierzu Fig. 25.)

Klappen-stellung Nr.	Öffnungs-weite mm	Drehzahl des Luft-gebläses in der Minute	Bolt	Amp.	Druckunter-schied zwischen Saug- und Druckkammer mm WS	Luftmenge cbm/Std.
Auf 1	211	110	117,2	76	4,2	87 000
2	189	116	117,5	75	4,3	86 500
3	167	116	117,5	75	4,8	86 500
4	146	116	117,5	75	5,0	85 500
5	124	114	117,5	74	5,4	83 500
6	102	120	117,5	73	6,1	81 000
7	80	122	117,5	71	7,3	77 000
8	59	132	117,5	68	9,4	69 000
10	37	142	117,5	62	12,7	50 000
13 Zu.	4,4	144	117,5	(75)	16,0	16 000*)

*) Kurzschließer hat geschlossen.

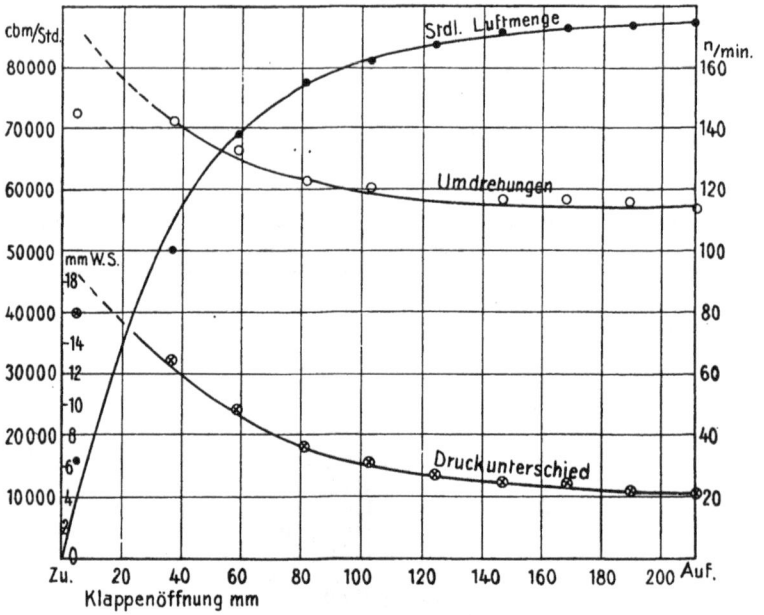

Fig. 25. Abhängigkeit der Luftmengen von der Öffnungsweite der Gliederklappe bei veränderlicher Umdrehungszahl und hoher Belastung.

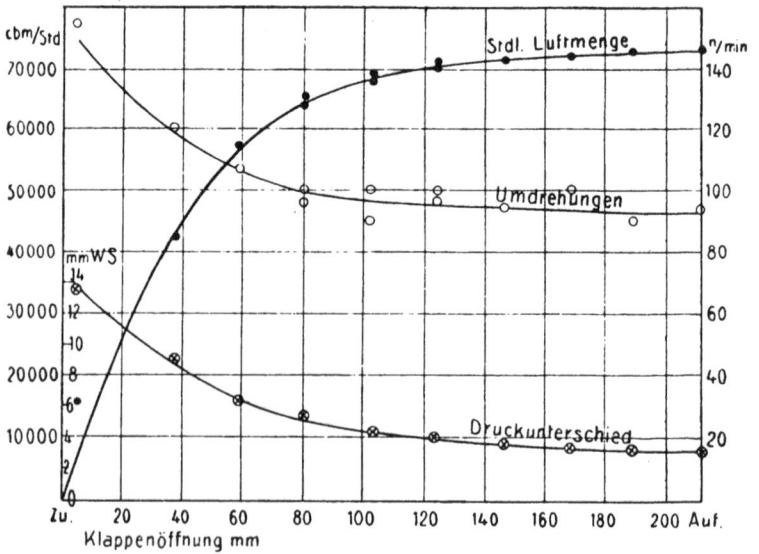

Fig. 26. Abhängigkeit der Luftmengen von der Öffnungsweite der Gliederklappe bei veränderlicher Umdrehungszahl und mittlerer Belastung.

Tabelle 3.

**Luftmengen bei veränderlicher Umbrehungszahl und mittlerer Belastung
mit nicht eingerücktem Kurzschließer.** (Hierzu Fig. 26.)

Klappen- stellung Nr.	Öffnungs- weite mm	Drehzahl des Luft- gebläses in der Minute	Volt	Amp.	Druckunter- schied zwischen Saug- und Druckkammer mm WS	Luftmenge cbm/Stb.
Auf 1	211	94	117,5	63,5	3,1	73 000
2	189	90	118,0	64,0	3,2	73 000
3	167	100	118,5	65,0	3,4	72 000
4	146	94	119,0	65,0	3,6	71 000
5	124	100	117,5	63,0	4,0	70 000
		96		63,0	3,8	71 000
6	102	90	118,0	62,0	4,2	67 000
		100		63,0	4,3	69 000
7	80	96	118,0	61,5	5,0	63 000
		100		62,0	5,3	66 000
8	59	106	—	60,0	6,2	57 000
10	37	120	—	55,0	9,0	42 000
13 Zu.	4,4	154	117,0	49,0	13,5	15 000

Tabelle 4.

**Luftmengen bei veränderlicher Umbrehungszahl und geringer Belastung
mit nicht eingerücktem Kurzschließer.** (Hierzu Fig. 27.)

Klappen- stellung Nr.	Öffnungs- weite mm	Drehzahl des Luft- gebläses in der Minute	Volt	Amp.	Druckunter- schied zwischen Saug- und Druckkammer mm WS	Luftmenge cbm/Stb.
Auf 1	211	64	118,0	50,0	1,2	49 500
2	189	62	118,5	50,0	1 25	49 000
3	167	60	118,0	50,5	1,3	49 000
4	146	60	118.0	50,0	1,4	49 000
5	124	62	117,5	50,5	1,5	48 000
6	102	66	117,5	50,0	1,9	47 000
7	80	70	117,5	50,0	2,3	44 000
8	59	76	117,5	49,0	2,9	40 000
10	37	86	118,5	48,5	4,9	29 000
13 Zu.	4,4	106	118,5	48,0	7,9	9 000

Die gegenseitige Abhängigkeit der Zahlenwerte dieser
4 Zahlentafeln ist nun aus den 4 zugehörigen zeichnerischen
Darstellungen Fig. 24—27 erkennbar, in denen über den Öff=
nungsweiten der Klappe als Abzissen die zugehörigen Luft=
mengen, Umdrehungszahlen und Drücke als Ordinaten auf=
getragen sind. Dabei sei daran erinnert, daß die Öffnungs=

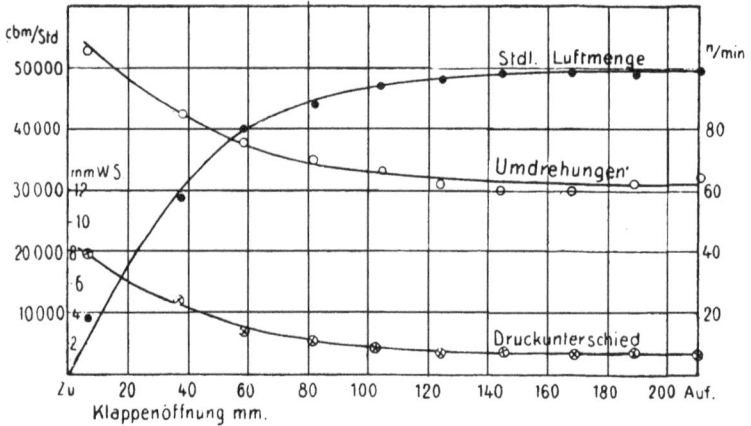

Fig. 27. Abhängigkeit der Luftmengen von der Öffnungsweite der Gliederklappe bei
veränderlicher Umdrehungszahl und geringer Belastung.

weiten in Bogenmaß aufgetragen sind, d. h. daß sie den Öff=
nungswinkeln der Klappe und somit den Zeigerstellungen auf
der Schalttafel mit einer Meßgenauigkeit von etwa ± 2 v. H.
entsprechen.

b) Versuche mit Wasser.

Für die Versuche mit Wasser wurde die in Fig. 6 darge=
stellte Einrichtung benutzt, die unter dem Wasserdruck der
beiden Hochbehälter des Bades steht. Als Versuchsgegenstand
diente der dort eingezeichnete Wasserschieber von 40 mm lichter
Weite für die Zumischung des kalten Frischwassers zu dem
Wasserinhalte der Schwimmbecken. Die Dampfpumpe wurde
während der Messungen abgesperrt und außer Betrieb ge=
halten, und der Warmwasserhochbehälter wurde durch Schluß

des neben dem Versuchsschieber sitzenden Warmwasserschiebers
ebenfalls ausgeschaltet. Es erfolgte also lediglich ein Kaltwasser=
zufluß unter der gleichbleibenden Druckhöhe von 20 m Wasser=
säule des Kaltwasserhochbehälters aus der Falleitung, durch
den Versuchsschieber hindurch und weiter über einen Venturi=
messer durch die Druckleitung und den höher liegenden Wasser=
speier in das Schwimmbecken hinein. Während der Versuche

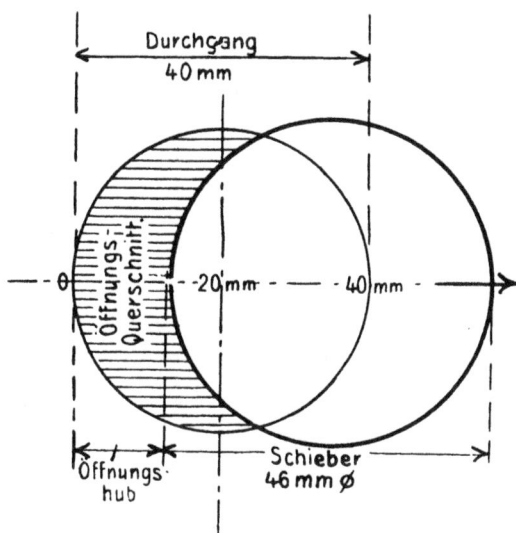

Fig. 28. Schema der Schieberöffnungen in natürlicher Größe.

wurde außer der allmählichen Öffnung des Versuchsschiebers
keine weitere Änderung der Widerstände des ganzen Systemes
vorgenommen.

Die Fig. 28 gibt in natürlicher Größe das Schema der
Durchgangsquerschnitte des Versuchsschiebers. Die Öffnungs=
hübe wurden in genauester Weise nach der Zählung der Hand=
radumdrehungen eingestellt, so daß bei der Kleinheit des Gegen=
standes eine Meßgenauigkeit von ± 0,2 mm des Hubes an=
zusetzen sein wird. Der Genauigkeitsgrad in der Bestimmung
der bei jeder Schieberstellung durchfließenden Wassermengen
mittels des Venturiwassermessers (Fig. 29) war durch

Vergleichswägung bei verschiedenen Wassergeschwindigkeiten zu ± 1 v.H. bestimmt worden.

In der folgenden Tabelle 5 sind die gefundenen, einander zugeordneten Meßergebnisse verzeichnet.

Tabelle 5. (Hierzu Fig. 30.)

Nr.	Umbrehungen des Handrades	Öffnungshub mm	Wassermenge cbm/Stb.
Zu	—	—	—
1	1	0,3	1,0
2	1¹/₄	1,5	3,15
3	1¹/₂	3,0	5 6
4	1³/₄	4,5	8,35
5	2	5,5	10,2
6	2¹/₄	6,5	11,9
7	2¹/₂	7,5	13,3
8	2³/₄	9,0	14,3
9	3	10,0	14,9
10	3¹/₄	11,5	15,3
11	3¹/₂	13,0	15,6
12	3³/₄	14,5	15,8
13	4	15,5	15,9
14	4¹/₄	17,0	16,1
15	4¹/₂	18,0	16,2
16	4³/₄	19,5	16,3
17	5	20,5	16,3
18	5¹/₄	21,5	16,35
19	5¹/₂	23,0	16,35
20	5³/₄	24,5	16,4
21	6	25,5	16,45
22	6¹/₄	27,0	16,5
Auf	8³/₄	40,0	16,65

In Fig. 30 sind über den Öffnungshüben als Abszissen die zugehörigen Durchflußmengen als Ordinaten zeichnerisch auf= getragen.

Eine Druckmessung hat nicht stattgefunden. Zu erwähnen ist nur, daß natürlicherweise die zur Verfügung gestandene,

unveränderliche Druckhöhe von ∽ 20 m außer zur Erzeugung
der Geschwindigkeit jeweils zur Überwindung der Reibungs=
und sonstigen Widerstände im ganzen Leitungssystem auf=
gebraucht worden ist. Der reine, für den Wasserdurchfluß
durch den Schieber aufgewendete Druck hat sich also im Laufe
der Messung um den sich aus der Rohrgeschwindigkeitsänderung
berechnenden Unterschied im Druckhöhenverlust geändert.

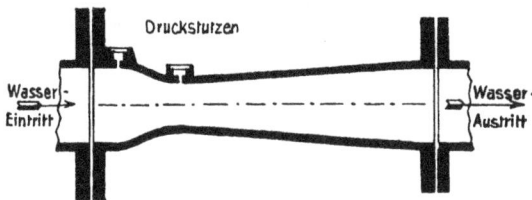

Fig. 29. Venturi-Wassermesser.

c) Zusammenfassung der Versuchsergebnisse.

Bei der Erörterung der beiden vorgeführten Versuchs=
reihen sei zunächst noch einmal daran erinnert, daß die Durch=
flußmengen beide Male nicht auf die Öffnungsquerschnitte,
sondern auf die Öffnungshübe bezogen wurden. Rein physi=
kalisch betrachtet wäre es — um bequemer zu einer mathe=
matischen Einkleidung zu gelangen — wohl näherliegend ge=
wesen, die Öffnungsquerschnitte als Bezugseinheit zu wählen,
wobei allerdings immer noch die geometrische Figur der Hub=
öffnungen, also auch deren Widerstandszahl, vom Hubanfang
bis zum Hubende sich dauernd geändert hätte. Aber es kam ja
darauf an, gerade die Abhängigkeit der Durchflußmengen vom
linearen Öffnungshub kennen zu lernen, weil diese durch die
Drehung des Handrades auf der Schalttafel zum unmittelbaren
Ausdruck kommt — wenn auch die Anzeigen ihrerseits durch
die bezüglichen Meßgeräte wiederum in quadratischem Ver=
hältnis erfolgen, da sie vom Quadrat der Geschwindigkeit ab=
hängen. Aber, wie verschieden auch die zur Änderung der
jeweiligen Hubhöhe gehörigen Durchflußquerschnitte bei jedem
Drosselorgan sowohl an und für sich als auch zueinander sein
mögen, wir sehen doch eine gewisse Gesetzmäßigkeit in den

gefundenen Schaulinien, ein Ergebnis, zu dem Gramberg[1]) durch theoretiſche Ableitung ebenfalls gelangt iſt.

Nehmen wir gemäß Fig. 31 wieder die Hübe H als Ab= ſziſſen, die Durchflußmengen Q als Ordinaten, ſo können wir für etwa das erſte Hubviertel von 0 bis P_1 eine lineare Durch=

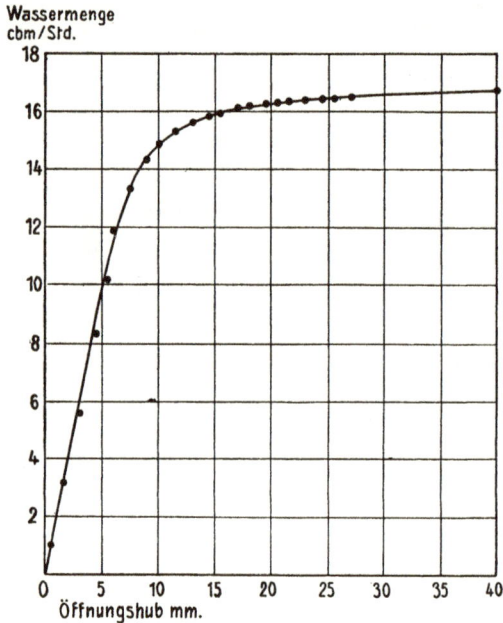

Wassermenge
cbm/Std.

Öffnungshub mm.

Fig. 30. Abhängigkeit der Waſſermengen vom Öffnungshub des Waſſerſchiebers.

flußgleichung aufſtellen, und ebenſo in den beiden letzten Hub= dritteln von etwa P_2 bis Q. Zwiſchen beiden Geſetzmäßigkeiten des Durchfluſſes liegt eine kurze Übergangszone $P_1 P_2$.

Die gewonnenen Verſuchsreihen ſind noch nicht aus= reichend, um aus ihnen ſchon weitergehende, verallgemeinernde Schlüſſe ziehen zu können.

Für den größten Hub H iſt Q die größte Durchflußmenge. Die Fig. 31 lehrt ohne weiteres, daß die für eine bequeme

---

[1]) Gramberg, Heizung und Lüftung von Gebäuden, S. 75, Verlag Julius Springer, Berlin 1909.

Regelung günſtigſten Durchflußverhältniſſe eintreten würden,
wenn OP_1P_2Q in die Gerade OQ entſprechend übergehen
würde, weil dann die Durchflußmenge von Anfang bis zum
Ende des Hubes in dem gleichen Verhältnis von der Hubgröße
abhängig bleiben würde. Dasſelbe zeigt auch Gramberg
in ſeinen erwähnten Ableitungen. Dann würde bei Fernüber=
tragung einer gleich großen Verſtellung des Handrades auf der
Schalttafel auch eine gleich große Änderung der Durchfluß=
menge entſprechen, und an der Stellung des Teilungszeigers
würde die Durchflußmenge ohne weiteres erkennbar ſein,
wie es das „Gefühl“ ja auch fordert. Betrachtet man dagegen

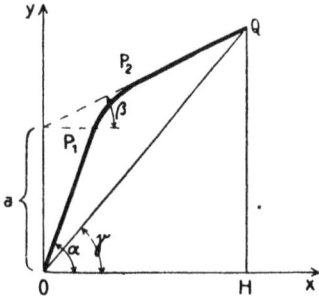
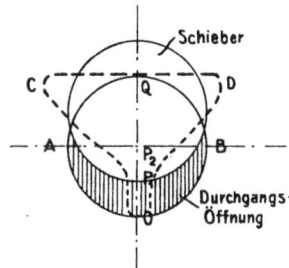

Fig. 31.   Fig. 32.

die jetzt beſtehenden Verhältniſſe zunächſt bei dem unterſuchten
Waſſerſchieber nach Fig. 30, ſo iſt bei etwa Viertelhub OP_1 bereits
mehr als Dreiviertel der Größtwaſſermenge im Durchfluß be=
griffen, während eine weitere Öffnung des Schiebers von P_2
bis zur Höchſtgrenze Q nur noch eine Steigerung der Durchfluß=
menge um weniger als ein Viertel hervorrufen würde. Dies
iſt bei Einſchaltung des Droſſelorganes in eine Rohrleitung
dadurch erklärlich, daß bei fortgeſetzter Öffnung die Droſſel=
wirkung desſelben immer mehr gegenüber der Reibungswirkung
der Rohrleitung zurücktritt, die mit dem Quadrate der Geſchwin=
digkeit zunimmt. Durch entſprechende Formgebung des Durch=
flußquerſchnittes — etwa wie in Fig. 32 angedeutet — wäre
ein geringerer Durchfluß im erſten Hubviertel und ein entſpre=
chend größerer in den letzten zwei Dritteln des Hubes anzuſtreben.

Ob der punktierte Querschnitt OCQD, für den ein am unteren
Rande gerader Schieber als zugehörig gedacht ist, den Be=
dingungen eines annähernd gleichmäßigen Durchflusses genügen
würde, müßte der Versuch lehren.

Krells Nadelventil (Fig. 12) scheint eine weitere Lösung
der Aufgabe darzustellen.

Das gleiche Ziel, nämlich eine mit der Hubhöhe gleich=
mäßige Zunahme der Durchflußmenge, kann in dem anderen
untersuchten Falle, nämlich bei der Luftklappe, mittelbar
durch verlangsamende und darauffolgende verschnellernde Über=
setzung der Hubbewegung, etwa mittels Exzenterrollen und
Drahtseilübertragung auf rein kinematischem Wege versucht
werden.[1]

Die vorgeführten Versuche lehren, daß bei den bislang
üblichen Durchgangsquerschnitten die Flüssigkeitsbewegung im
ersten Hubviertel unverhältnismäßig schnell, in den beiden
letzten Hubdritteln dagegen unverhältnismäßig langsam, in
beiden Abschnitten aber nach einem annähernd linearen Ge=
setz erfolgt, und zwar unabhängig von der Art der Flüssigkeit
— ob Wasser oder Luft —, unabhängig von der Ausführungs=
form — ob runder Schieber oder rechteckige Gliederklappe —
und unabhängig von der Querschnittsgröße — ob 40 mm Durch=
messer oder 2,17 m Breite mal 3,70 m Höhe Rechteckquer=
schnitt. Die Versuche geben eine Anregung zur weiteren prak=
tischen Gestaltung der Regelungsorgane für Flüssigkeiten.

---

[1] Vergl. Dietz, Lüftungs= u. Heizungs=Anlagen, Verlag R. Olden=
bourg, München, 1909, Seite 190.

6. Betriebsergebnisse.

Kurz vor und nach der Eröffnung des Bades ist mit der Fest=
stellung der Wirkung der einzelnen technischen Anlagen durch
Aufschreibung und Messung begonnen worden, und in der Folge
wurden die laufenden Betriebsaufzeichnungen zu Tabellen
zusammengefaßt, so daß die Betriebsergebnisse aus den Jahren
1914, 15 und 16 nunmehr vorliegen. Trotz des starken Besuches
der Anstalt, der die Erwartungen überstieg, haben sich die ge=
samten technischen Anlagen voll bewährt und haben zu keinen
Betriebsstörungen Veranlassung gegeben.

Im 1. Abschnitt war schon einiges über den Badebesuch
gesagt worden, und im 3. bis 5. Abschnitt ist an den passenden
Stellen in der laufenden Beschreibung über den Kessel= und
Maschinenbetrieb, die Lüftungswirkung, die Dampf=, Luft=
und Wassermessung, die Regelung der Heizung, Lüftung,
des Badewassers und der Druckverhältnisse manches einge=
flochten worden. Die folgenden Betriebsergebnisse mögen
zur Ergänzung und weiteren Beurteilung dienen.

a) Temperatur=, Luft= und Druckverteilung.

Die vorgeschriebenen Temperaturen wurden überall er=
reicht. Vergleiche der Anzeigen der elektrischen Fernthermometer
mit örtlichen Quecksilberthermometern ergaben Übereinstimmung
und die Zuverlässigkeit der elektrischen Fernmeldung.

Die Kernfrage war aber jedenfalls die der Heiz= und Lüf=
tungswirkung sowie der Druckverteilung in den Schwimmhallen,
in denen in dieser Beziehung naturgemäß die höchsten Anfor=
derungen gestellt wurden. Daß letztere voll erfüllt sind, zeigen
die folgenden, in der Männerschwimmhalle I angestellten
Untersuchungen.

Diese Schwimmhalle ist, wie der beigegebene Grundriß=
plan zeigt, nach Norden gelegen und hat eine Länge von 45 m,
eine Breite von 20 m und eine durch 2 Stockwerke reichende
Höhe. Die Nord= und Nordostwand sowie die Hälfte der West=
wand sind Außenwände. An den beiden Enden der Halle
führen Treppen zum oberen Umgang, der wie der untere in

6

offener Verbindung mit der Halle steht und ringsum bis an die
innere Pfeilerreihe reicht. An der nordöstlichen Querseite
der Halle ist unter dem oberen Umgang der Brausen= und Rei=
nigungsraum gelegen, der mit der Schwimmhalle nur durch
einen Bogen zwischen den beiden Rundtreppen in offener
Verbindung steht; darüber ist ebenfalls ein Reinigungsraum
mit Fußwaschbecken in offener Verbindung mit der Halle.

Die Heizung der Halle geschieht — wie früher beschrieben —
durch Dampfheizrohre in den oberen und unteren Umgängen
über Kopfhöhe und unter dem Fußboden, in den Reinigungs=
räumen und den anschließenden Aborten (mit unten durch=
brochenen Türen) durch freistehende Radiatoren. Die vorge=
wärmte Frischluft wird durch den im Plane deutlich erkenn=
baren, großen Zuluftkanal von der südwestlichen Seite durch
drei mächtige, in die Raumarchitektur zwischen den 4 Pfeilern
des oberen Umganges eingebaute Bronzegitter in die Schwimm=
halle eingeblasen. Die Gesamtgitterfläche beträgt $8 \times 1,5$ m.
Die stündliche Lüftung der Halle ist auf das Doppelte des Raum=
inhaltes bemessen, kann aber — unter entsprechender Minderung
der Lüftung der übrigen Räume — erheblich gesteigert werden.
Im allgemeinen reicht aber ein 1½facher Luftwechsel voll=
kommen aus, so daß die Einströmgeschwindigkeit unter 0,5 m
in der Sekunde beträgt. Die Luft durchströmt nun die Halle
in der Längsrichtung durch die Reinigungsräume und Aborte
der nordöstlichen Schmalseite der Halle, wo sie durch die spalten=
weit geöffneten Fenster des unteren Umganges ins Freie aus=
strömt. Anfangs erfolgte der Luftaustritt nur durch diese Fenster.
Dabei machten sich in dem Bogendurchgang zwischen den beiden
Rundtreppen Zugerscheinungen bemerkbar: seitdem ist die
Anordnung getroffen, daß während der Zeiten stärkerer Lüf=
tung auch die Fenster des unteren Umganges nach Nordwesten,
die als Schiebefenster gebaut sind, spaltenweit geöffnet werden,
womit die Zugerscheinungen vollkommen behoben sind, da nun
nur ein kleiner Teil der früheren Luftmenge seinen Weg
durch die Reinigungs= und Brausenräume nimmt.

In dieser Schwimmhalle I wurden gelegentlich des ein=
getretenen Beharrungszustandes während des vollen Bade=
betriebes Temperaturmessungen mit einem hochempfindlichen

Queckſilberthermometer vorgenommen, deren Ergebniſſe hier
mitgeteilt ſeien.

Außentemperatur: — 3,5⁰ C.

Zuluftmenge für den ganzen Bau: 74000 cbm/Std.
Überdruck am Fußboden der Schwimmhalle I: 1,5 mm WS.
Zulufttemperatur dicht vor den Einſtrömgittern von der
Halle aus geſehen:

23,40⁰ C.	23,35⁰ C.	23,20⁰ C.
23,60⁰ C.	23,40⁰ C.	23,10⁰ C.
23,55⁰ C.	23,40⁰ C.	23,00⁰ C.

Raumtemperaturen
in Kopfhöhe beim Eingang der Halle . . . . 23,8⁰ C
   „   „   Mitte Reinigungsraum . . . . 23,5⁰ C
auf dem ob. Umgang beim Eingang . . . . 23,5⁰ C
   „   „   „   „   Reinigungsraum . . . . . . 23,1⁰ C
unter der Decke i. d. Mitte der Halle . . . . . . 24,0⁰ C
   „   „   „   Reinigungsraum . . . . 23,1⁰ C
dicht vor der Glasscheibe eines ſpaltweit geöffneten
   Fenſters des unteren Reinigungsraumes . . . . . 23,2⁰ C

Dieſe vorzügliche Temperaturverteilung mit einem größ-
ten Unterſchied von nur 0,9⁰ C in einem ſo großen Raum iſt
auf drei Urſachen zurückzuführen: 1. die Überdrucklüftung,
die den kalten Luftzug von den Fenſtern, Türen und ſonſtigen
Öffnungen der Abkühlungsflächen vollſtändig fernhält, 2. die
Fußbodenheizung der unteren Umgänge und 3. die durch die
Bewegungen der Badenden und des Waſſers hervorgerufenen
Luftſtrömungen, die ein ſtändiges Durcheinanderwirbeln der
Luftſchichten bewirken.

Ähnlich iſt die Temperaturverteilung in den andern Räumen
des Bades. Sie läßt ſich im übrigen infolge der Zerlegung
der Heizflächen und deren Regelungsfähigkeit vom Maſchinenraum aus vollkommen durch Fernſtellung beherrſchen.

Sehr überzeugend in bezug auf die Nützlichkeit der Über-
druckwirkung iſt auch der oft wiederholte Verſuch des Öffnens
der Haupteingangstür zur Wartehalle: Selbſt bei tiefer Außen-

6*

temperatur und bei nicht gar zu heftigem Windanfall findet kein Eindringen kalter Luftwellen von außen her statt, wie dies in allen übrigen Bädern der Fall ist. Die Luftströmung ist vielmehr von innen nach außen gerichtet, und die gleich hinter der Außentür am Aufgang zur Wartehalle im Schalterraum sitzende Kartenverkäuferin hat in keiner Weise unter Zug= erscheinungen zu leiden.

In welcher Weise der Luftüberdruck von der dem Bade zugeführten Luftmenge, also vom Luftwechsel, abhängt, lehrt der folgende, bei + 3⁰ C und etwas windigem und regnerischem Wetter ausgeführte Versuch. Das ganze Gebäude wurde gleichmäßig geschlossen gehalten, die Zuluftkanäle waren offen, die Abluftkanäle zu. Die stündliche Zuluftmenge wurde durch Verringerung der Umlaufzahl des Luftgebläses stufenweise von 88000 auf 71000 cbm herabgemindert, wodurch der Luft= überdruck in den einzelnen Räumen in der aus der Tabelle

Versuch Nr.	Motor= Dreh= zahl des Luft= gebläses	Volt	Amp.	Gesamt= luft= menge cbm/Std.	Luftüberdruck[1] mm WS				
					Luft= kammer	Halle I	Halle II	Frauen= halle	Warte= halle
1	850	119	69	88 000	5,3	2,6	2,8	3,6	3,1
2	800	119	62	81 000	5,0	2,3	2,5	3,3	2,1
3	750	119	57	76 000	4,1	2,2	2,4	3,3	2,0
4	700	119	53	71 000	3,6	1,8	2,1	2,8	1,5

[1] Überdruck am Fußboden gemessen.

erkennbaren Weise abnahm. Die nicht unbedingt gleichmäßige Abnahme der einzelnen Überdrucke erklärt sich zwanglos aus den gerade herrschenden Windverhältnissen. Es wurde eben an den Regelungsvorrichtungen nichts gestellt, sonst wäre es ein leichtes gewesen, durch Klappenfernregelung von der Schalt= tafel aus jeden Raum auf den genau gleichen Luftüberdruck einzustellen.

Im allgemeinen kann Windstärken bis zu etwa 10 m/Sek. durch entsprechenden Luftüberdruck im Badinnern noch sicher begegnet werden, so lange Türen und Fenster nicht mehr als spaltweit geöffnet werden. Da der Windanfall immer nur von einer Seite stattfindet, so wird eben den nach dieser Seite ge=

legenen Räumen entsprechend mehr Luft zugeführt — an der
Schalttafel kann jederzeit die Luftmenge und der zugehörige
Überdruck abgelesen werden. Die mittleren Luftmengen und
Drucke bei Windstille sind für jeden Raum an dem betreffenden
Meßgerät durch einen roten Strich gekennzeichnet. Bei stärker
werdendem Windanfall — über 10 m/Sek. hinaus — wird die
Lüftungswirkung der dem Winde ausgesetzten Räume natürlich etwas beeinflußt, zuerst unmerklich, bei großen Windge-
schwindigkeiten, die ja selten vorkommen, in bemerkbarer Weise.
Diese Tatsache kann aber der Überdrucklüftung keinen Abbruch
tun, die das einzige Lüftungsverfahren darstellt, mit dem schäd-
lichen Windeinflüssen überhaupt jederzeit in regelbarer Weise
auch dann noch leicht Rechnung getragen werden kann, wenn
alle anderen Lüftungsarten glatt versagen.

b) Der Hochdruckdampfkesselbetrieb mit selbsttätiger Koksfeuerung.

Zur Bekämpfung der Rauch- und Rußplage werden in
Nürnberg die der Aufsicht der städtischen Bauverwaltung unter-
stehenden Feuerungsanlagen mit dem vom Gaswerk anfallen-
den städtischen Gaskoks geheizt. Der Handfeuerungsbetrieb
der großen Hochdruckdampfkesselanlagen in den Nürnberger
Krankenanstalten, im Vieh- und Schlachthof usw. hatte gezeigt,
daß befriedigende Ergebnisse mit der Verfeuerung von Koks
auf Planrosten erzielt werden. Für die in fast ununterbrochenem
Betriebe stehende neue Dampfkesselanlage des Volksbades
mit ihrem erheblichen Brennstoffbedarf lag nun die Frage nahe,
ob es möglich war, selbsttätige Feuerungen mit Koks wirtschaftlicher zu betreiben als Handfeuerungen. An einem Dampfkessel
der Maschinenfabrik Augsburg-Nürnberg, Werk Augsburg, und
in den Nürnberger Städtischen Elektrizitäts- und Straßenbahn-
werken angestellte Vorversuche, sowie die darauf gegründeten
Wirtschaftlichkeitsberechnungen führten schließlich zu der im
Abschnitt 3c beschriebenen Einrichtung der selbsttätigen Koks-
förderung und Feuerung für die 4 Flammrohrkessel des Bades.

An einem der Kessel wurden Verdampfungsversuche
in Gegenwart von Vertretern des Städtischen Bauamtes Nürn-

berg, der Maschinenfabrik Augsburg=Nürnberg und der Fabrik
gesundheitstechnischer Anlagen H. Schaffstaedt=Gießen vor=
genommen. Den eigentlichen Versuchen ging ein 8stündiger
Vorversuch zur Prüfung der Versuchseinrichtungen und zur
Einübung des Versuchspersonals voran. (Aus dem Versuchs=
bericht.) Zur Vermeidung von Ungenauigkeiten bei den Ver=
suchen waren Einrichtungen getroffen worden, daß dem Ver=
suchskessel nur gewogenes Wasser zugeführt werden konnte.
Die übrigen nicht im Betrieb befindlichen Kessel waren durch
eingesetzte Blindscheiben von der Speiseleitung abgeschlossen.
Zur Bestimmung der vom Versuchskessel verdampften Speise=
wassermenge war folgende Einrichtung getroffen:

Auf dem Kesselhausflur stand auf einer geeichten Dezimal=
wage ein Wiegebehälter, der mit der linksstehenden Speise=
pumpe gefüllt wurde. Nach erfolgter Wägung wurde das
Wasser in einen tieferstehenden zweiten Behälter abgelassen,
aus dem es von der rechtsstehenden Speisepumpe in den Ver=
suchskessel gefördert wurde.

Während der Abnahmeversuche wurde gleichzeitig der
in die Speisedruckleitung eingebaute Eckardtsche Wassermesser
geprüft. Der vorhandene Speisewasservorwärmer war durch
eingesetzte Blindflanschen außer Tätigkeit gesetzt. Die Ablaß=
vorrichtungen des Versuchskessels waren vor den Versuchen
auf Dichtheit geprüft worden.

Der beim Versuch verheizte Gaskoks wurde auf einer ge=
nauen Dezimalwage gewogen.

Vom Brennstoff wurden während der Versuche genaue
Durchschnittsproben entnommen und dem chemischen Labo=
ratorium des Bayerischen Revisionsvereins München zur Heiz=
wertbestimmung eingesandt.

Die Temperatur des Speisewassers im Saugbehälter, die
Dampfspannung im Kessel und die Temperatur der Heizgase
am Kesselende wurden viertelstündlich aufgeschrieben.

Zur Beurteilung des Ganges der Feuerung und Berechnung
des Kaminverlustes wurden am Ende des Kessels von den ab=
ziehenden Heizgasen viertelstündlich Proben entnommen, die
mit Hilfe des Orsatschen Apparates auf ihren Gehalt an Kohlen=
säure und Sauerstoff untersucht wurden. Außerdem wurde

an der gleichen Stelle der Kaminzug festgestellt. Ferner ermittelte
man noch die Temperatur der dem Rost zuströmenden Ver=
brennungsluft sowie die Abnahme der Zugstärke vom Kessel=
ende bis zur Feuerung. Die Versuche wurden bei mäßig ab=
gebranntem Feuer begonnen und abgeschlossen; der Wasser=
spiegel im Saugbehälter sowie jener im Versuchskessel standen
bei Schluß der Versuche jeweils in der bei Beginn derselben
angezeichneten Höhe, ebenso war die Dampfspannung zu Be=
ginn und Schluß der Versuche die gleiche. Der Brennstoff
wurde in den Blechtrichtern des mechanischen Rostbeschickers
bei Versuchsbeginn und Versuchsende auf gleiche Höhe mit der
Vorderkante der Trichter gebracht.

Im übrigen geschah die Durchführung der Versuche nach
den vom Verein Deutscher Ingenieure, dem Internationalen
Verband der Dampfkessel=Überwachungsvereine und dem Verein
Deutscher Maschinenbauanstalten aufgestellten Normen für
Dampfkessel und Dampfmaschinen vom Jahre 1913.

Am 3. und 4. Juli 1913 wurden zwei Verdampfungs=
versuche von je etwa 8stündiger Dauer durchgeführt, deren
Ergebnisse aus der folgenden Tabelle ersichtlich sind.

Der verheizte Gaskoks aus dem städtischen Gaswerk in
Nürnberg hatte beim Versuch I einen Heizwert von 6400, beim
Versuch II einen solchen von 6205 WE. Vom Heizwert des=
selben wurden 70,25 bzw. 72,73 v. H. zur Dampferzeugung
nutzbar gemacht. Die Abwärme nach dem Kessel betrug 16,6
bzw. 17,8 v. H. Mit 1 kg Gaskoks wurden 7,18 bzw. 7,09 kg
Wasser von durchschnittlich 36,0 bzw. 25,3° C in Sattdampf
von 6,0 bzw. 5,9 Atm. Überdruck verwandelt, entsprechend
7,03 bzw. 7,05 kg Wasser von 0° C in Sattdampf von 100° C.
Auf 1 qm Rostfläche wurden bei Versuch I stündlich 66,6, bei
Versuch II stündlich 81,5 kg Koks verheizt und damit auf 1 qm
Heizfläche 16,265 bzw. 19,636 kg Dampf erzeugt. Die Zug=
stärke vor der Glocke am Kesselende betrug 7,2 bzw. 10,1 mm,
die Zugstärkenabnahme zwischen Glocke und Feuerung 3,8
bzw. 5,3 mm. Bei ziemlich stark gedrosseltem Zug betrug die
Dampferzeugung etwa 20 kg auf 1 qm Heizfläche in der Stunde.
Der Wärmeverlust durch die in den Herdrückständen unverbrannten
Teile, durch Strahlung, Leitung, Ruß und unverbrannte Gase

Verdampfungsversuche.

		I. Versuch	II. Versuch
Versuchstag 1913		3. Juli	4. Juli
Heizfläche, Kessel . . . . . . qm		100	100
„ Überhitzer . . . . . „		—	--
„ Vorwärmer . . . . „		—	—
Rostfläche . . . . „		3,4	3,4
Verhältnis der Rostfläche zur Kessel= heizfläche		1 : 29,4	1 : 29,4
Dauer der Versuche . . . . Stb.		8 h 18' = 498'	8 h 15' = 495'
Brennstoff: Sorte		Nürnberger	Gaskoks
„ verheizt im ganzen . . kg		1879	2285,5
„ „ in der Stunde „		226,4	277,0
„ „ in der Stunde auf 1 qm Rostfläche . . . . . „		66,6	81,5
Herdrückstände: im ganzen . . . „		55,5	27
„ in Hundertteilen des verheizten Brennstoffes v. H.		2,95	1,2
„ Verbrennliches (Kohlen= stoff) in denselben . v. H.		—	—
Speisewasser: verdampft im ganzen kg		13 500	16 200
„ „ in der Stunde „		1626,5	1963,6
„ „ „ „ „ auf 1 qm Kesselheizfläche „		16,265	19,636
„ Temperatur . . . °C		36	25,3
Dampf: Überdruck . . . . . . Atm.		6,0	5,9
„ Temperatur gesättigt . . .°C		164	163,4
„ Erzeugungswärme . . . WE.		662 − 36 = 626	661,8 − 25,3 = 636,5
Heizgase: Kohlensäuregehalt . . . v. H.		11,2	11,3
„ CO_2 + Sauerstoffgehalt . v. H.		20,0	19,9
„ Temperatur am Kesselende °C		308	331
Verbrennungsluft: Temperatur . . °C		22	22
Zugstärken: vor der Glocke Wassersäule mm		7,2	10,1
„ Unterschiedszug: Glocke=Rost		3,8	5,3
Wärmedurchgang in 1 Stunde durch 1 qm Kesselheizfläche . . . . WE		10 182	12 498
Wärmedurchgang in 1 Stunde durch 1 qm Überhitzerheizfläche . . . WE		—	—
Wärmedurchgang in 1 Stunde durch 1 qm Nachwärmerheizfläche . . WE		—	--

Verdampfungsversuche (Fortsetzung).

		I. Versuch		II. Versuch	
Verdampfung: a) 1 kg Brennstoff verdampfte Wasser .	kg	7,18		7,09	
„ b) desgl. berechnet auf Dampf von 100⁰ aus Wasser von 0⁰ (639,8 WE Erzeugungswärme)	„	7,03		7,05	
Brennstoffpreis: für 100 kg im Kesselhaus	M.	2,64		2,64	
Wärmepreis: für 100 000 WE . .	Pf.	41,25		42,5	
Dampfpreis: für 1000 kg Dampf nach) a)	M.	3,68		3,72	
„ für 1000 kg Dampf nach b)	„	3,76		3,74	
Wärmebilanz.		WE	v.H.	WE	v.H.
Nutzbar gemacht: zur Dampfbildung . .		4495	70,25	4513	72,73
„ „ „ Überhitzung . . .		—	—	—	—
„ „ „ Vorwärmung . .		—	—	—	—
„ „ insgesamt		—	—	—	—
Verloren: a) im Kamin durch freie Wärme der Rauchgase $0,65 \frac{T-t}{CO_2}$.		1063	16,60	1104	17.80
„ b) in den Herdrückständen durch unverbrannte Teile . . .					
„ c) durch Strahlung, Leitung, Ruß, unverbrannte Gase ꝛc.		842	13.15	588	9,47
Summe und Heizwert des Brennstoffes =		6400	100,00	6205	100,00

belief sich bei Versuch I auf 13,15, bei Versuch II auf 9,47 v. H.
Die Abnahme dieses Verlustes, womit anderseits eine Erhöhung
des Wirkungsgrades verbunden ist, läßt darauf schließen, daß
das Mauerwerk des Versuchskessels am ersten Versuchstag
noch eine gewisse Wärmemenge aus den Heizgasen aufgenom=
men hat, während es bei Versuch II mit Wärme gesättigt war.

Somit waren die Zusicherungen, die die ausführende
Maschinenfabrik Augsburg=Nürnberg gegeben hatte, mehr als
hinreichend erfüllt.

In der Folge haben ſich die Einrichtungen vollauf bewährt. Dabei ſtellten ſich in betreff der Koksfeuerung bei normalem Keſſelbetriebe keine Schwierigkeiten mit Ausnahme des in regelmäßigen Zwiſchenräumen zu wiederholenden, etwas umſtändlichen Abſchlackens ein, mit dem von vornherein hatte gerechnet werden müſſen. Bei ſchwankendem Betriebe dagegen zeigte es ſich bald, daß es ſchwierig war, ſchnellen Belaſtungsänderungen der Dampfkeſſel mit den Feuerungen raſch nachzukommen, ein Umſtand, der ſich aus der geringen Brenngeſchwindigkeit des Kokſes ergibt. Auch das Anheizen bzw. Zuſchalten eines weiteren Keſſels erfordert ebenſo große Übung wie das Dämpfen und Unterhalten eines mäßigen Feuers bei wieder eintretendem ſchwächeren Betriebe.

In der erſten Zeit nach der Eröffnung des Bades waren daher die Betriebsergebniſſe der Keſſel- und Feuerungsanlage bei dem an beſtimmten Wochentagen nachmittags lawinenartig anſchwellenden Badeandrange wenig befriedigend. Abgastemperaturen von 300 bis 400° C waren die Regel. Es bedurfte erſt einer weiteren Schulung des Bedienungsperſonals, damit auch nur annähernd ein Wirkungsgrad wie bei den Abnahmeverſuchen erzielt wurde. Zu Anfang 1915 wurde dann die Rauchgasvorwärmeranlage an die Keſſel angebaut, und durch weitere Temperaturerhöhung des Speiſewaſſers wird nun die Wärme der abziehenden Rauchgaſe beſſer ausgenutzt und damit die Wirtſchaftlichkeit um etwa 7 bis 10 v. H. verbeſſert worden ſein.

Im übrigen hat der Betrieb gelehrt, daß die eingebauten Meß- und Kontrollgeräte unbedingt notwendig waren, um jederzeit einen Überblick über die Wirtſchaftlichkeit des Keſſelbetriebes zu gewinnen. Sie werden auch dauernd abgeleſen, denn nur mit ihrer Benutzung kann eine fortgeſetzte Aufzeichnung der Betriebszahlen und die Einhaltung beſtimmter Betriebsverhältniſſe ſtattfinden, deren unbedingte Befolgung für die Wirtſchaftlichkeit der ganzen Anlage notwendig iſt. Nur mit ihrer Hilfe kann — an Hand der übrigen, dauernd erfolgenden Meßaufzeichnungen des Waſſerverbrauches, des Luftwechſels, der erreichten Temperaturen, der Luftdrücke, des Badebeſuches uſw. — ein Nachweis für eingetretenen Zuvielverbrauch an Brennſtoffen überhaupt im einzelnen rechtzeitig nachgewieſen werden.

Bei den meisten, auch den größeren Badeanstalten findet
eine solche dauernde Nachprüfung nicht statt, sondern erst die
Jahresabrechnung zeigt gewöhnlich eine Gegenüberstellung der
verbrauchten Wassermengen, des Badebesuches und der Brenn=
stoffe — eine gegenseitige Bewertung solcher Zahlen aber ist
meistens unmöglich. Bei dem Nürnberger Bade war eine Voll=
ständigkeit der Meßgeräte schon deshalb angezeigt, weil die Stadt
mit der Verwendung der Koksfeuerung zum Zwecke der Rauch=
und Rußbekämpfung bewußt einerseits gewisse Nachteile in
den Kauf nimmt, die wie gezeigt wurde, in der Natur der Sache
liegen, während sie anderseits für ihr Gaswerk den großen Vor=
teil des ständigen Absatzes von Koks mit niedrigem Heizwert
in eigenem Bedarfe hat. Übrigens ist aber die Verwaltung
in keiner Weise an die Koksfeuerung gebunden, sie kann viel=
mehr auf Grund des abgeschlossenen Lieferungsvertrages
jederzeit auf die Verwendung vorteilhafterer Kohlensorten
übergehen.

In die Vertragsbedingungen war ferner eine Bestimmung
aufgenommen worden, dahin gehend, daß die Bauart der
Rostbeschicker die Möglichkeit zulassen müsse, bei Betriebsstö=
rungen unter Ausschaltung der Wurfmaschinen auch von Hand
zu feuern. Diese Vorsicht hat sich als sehr dienlich erwiesen,
da am 18. Dezember 1916 infolge einer im Großkraftwerk
Franken stattgefundenen Kesselzerknallung die Antriebselektro=
motoren der Kesselfeuerung abgestellt und die Feuerungen
zeitweilig von Hand beschickt werden mußten.

Bezüglich der Gesamtkesselanlage ist noch zu sagen, daß sich
der vollkommen selbsttätige Betrieb in praktischer wie gesund=
heitlicher Beziehung als das Muster eines Kesselbetriebes be=
währt hat. Besonders seine große Reinlichkeit infolge des Weg=
falles der Kohlenkarren usw. springt sofort in die Augen.

c) Besuchsziffern und Verbrauchsangaben.

Der Besuch des Bades ist durch den Krieg naturgemäß
stark beeinflußt worden. Vom 10. August 1914 bis 1. November
1914 war die Anstalt völlig geschlossen. Vom 2. November
1914 bis Ende 1914 war sie nur teilweise nachmittags von 2 bis

8 Uhr an Werktagen geöffnet; das Dampfbad, die Schwimm=
halle II und das Hundebad blieben geschlossen.

Vom 4. Januar 1915 bis 30. April 1915 war die Anstalt
Montags bis einschl. Freitags von 11—1 Uhr und von 3—8 Uhr
nachmittags, an Samstagen und Vorabenden von Festtagen
von 11 Uhr vormittags bis 8 Uhr nachmittags geöffnet; das
Dampfbad und die Schwimmhalle II blieben geschlossen. Ab
1. Mai 1915 war die Anstalt im Betriebe: an Werktagen von
10 Uhr vormittags bis 8 Uhr nachmittags, an Sonntagen von
von 8—11 Uhr vormittags, das Hundebad an Werktagen von
10—12½ Uhr und von 2—8 Uhr nachmittags. Das Dampfbad
und die Schwimmhalle II blieben geschlossen.

Im Jahre 1916 war die Betriebszeit die gleiche wie ab
1. Mai 1915; ab 7. Dezember 1916 war das Hundebad nur an
den Dienstagen und Freitagen geöffnet.

Die besten Besuchstage waren im Jahre 1914 der Oster=
samstag mit 5470 (vor der Schließung) und der 7. November
mit 3119 (nach der Wiedereröffnung), im Jahre 1915 der
28. August mit 4729, im Jahre 1916 der 26. August mit 4984
Badegästen.

Die gewonnenen Betriebszahlen der Jahre 1914, 15 und 16
sind in die beigeheftete Kurvendarstellung (Tafel V) eingetragen
worden. Am Kopfe sind die mittleren Tagestemperaturen
eingetragen.

Bezüglich der Gesamtzahl der verabreichten Bäder erscheinen
die Monate Juli und August als die best besuchten. Der Gesamt=
besuch verteilt sich

a) nach Bäderarten:

	v. H. des Gesamtbesuches		
	1914	1915	1916
Schwimmbäder . .	72,3	63,9	61,9
Wannenbäder . .	15,0	23,7	27,4
Brausebäder . . .	11,7	12,4	10,7
Dampfbäder . . .	1,0	—	—

Insgesamt 1914: 445605, 1915: 448193, 1916: 525954 Personen
im Jahre.

b) nach Geschlechtern:

	v. H. des Gesamtbesuches		
	1914	1915	1916
Männliche Personen	72,7	67,7	67,9
Weibliche „	27,3	32,3	32,1

Die Besuchszahlen für das Hundebad waren folgende:

	1914	1915	1916
Einstellen	187	80	69
Reinigen	1808	1540	2035
Scheren	174	153	204
Insgesamt . . .	2169	1773	2308

An Wäsche wurden gewaschen und gereinigt, einschließ=
lich der Anstalts= und Personalwäsche:

im Jahre 1914 . . . . . . 257 920 Wäschestücke
„ „ 1915 . . . . . . 233 476 „
„ „ 1916 . . . . . . 287 574 „

Der gesamte Wasserverbrauch des Bades ist unter der
Wirkung des Krieges dauernd eingeschränkt worden und betrug
einschließlich des Wassers zur Reinigung der Anstalt und des
Kesselspeisewassers in den Jahren 1915 und 1916 im Mittel
500 l, auf ein abgegebenes Bad berechnet. Im ganzen wurden
verbraucht:

im Jahre 1914 . . . . . . 322 427 cbm Wasser
„ „ 1915 . . . . . . 222 262 „ „
„ „ 1916 . . . . . . 250 253 „ „

Der Koksverbrauch war:

im Jahre 1914 . . . . 43 915 Ztr. Koks
„ „ 1915 . . . . 34 119 „ „
„ „ 1916 . . . . 41 282 „ „

Auf ein abgegebenes Bad berechnet sich — abgesehen von
der ersten Betriebszeit — ein mittlerer Koksverbrauch von etwa
4 kg.

An elektriſchem Strom wurden verbraucht:

	1915	1916
	Kilowatt	Kilowatt
für Kraft . . .	14 060	17 006
für Licht . . .	16 297	15 120

was auf ein abgegebenes Bad berechnet zuſammen etwa 0,065 Kilowatt ergibt.

Nach der ſtädtiſchen Kämmereihauptrechnung haben im Rechnungsjahr 1914

bie wirklichen Ausgaben 229 999,11 M.

„   „   Einnahmen 132 339,77 „

betragen.

Nach Abzug errechnet ſich für jedes abgegebene Bad eine Ausgabe von 22 Pf.

7. Die Gestaltung des technischen Ausbaues.

Wenn wir einen kurzen Rückblick auf die Gestaltung der technischen Einrichtungen werfen, so wird uns so manche weitgehende Rücksichtnahme des Architekten auf die besonderen Bedürfnisse der Technik in baulicher Beziehung besonders auffallen. Der Grund für die Möglichkeit eines so erfolgreichen und ersprießlichen Zusammenarbeitens zwischem dem Architekten und dem Ingenieur, wie es bei diesem Baue der Fall war, ist darin zu suchen, daß der Ingenieur in seiner Mitwirkung von Anfang an dem Architekten völlig gleichgestellt war. Auch die von den städtischen Kollegien bewilligten Baukredite sind von Anfang an derartig getrennt worden, daß die auf die technischen Einrichtungen entfallenen Summen dem Ingenieur überwiesen waren, dem also auch die Vergebungsgeschäfte und die Abrechnung für seinen Teilkredit oblagen. Dabei bestand eine dauernde persönliche Fühlungnahme bezüglich der gegenseitigen technischen Ansprüche. Auf diese Weise haben die rechtzeitig — auch während des Baues noch — aufgetretenen technischen Anforderungen überall ihre befriedigende bauliche und künstlerische Lösung gefunden.

Über die der äußeren technischen Gestaltung unserer Anlagen zugrunde liegenden gedanklichen Zusammenhänge mögen noch einige Ausführungen gestattet sein, die ein besseres Verständnis ihres Aufbaues von innen heraus ermöglichen werden.

Unsere große Lehrmeisterin ist von jeher die Natur. Zu ihrer Nachbildung werden wir bewußt oder unbewußt immer wieder hingeleitet, wenn wir technische Schöpfungen gestalten. Gedanklich zwingt sich uns deshalb auch der Vergleich der vorbeschriebenen Einrichtungen mit dem lebendigen Körper förmlich von selbst auf. Es entsprechen sich einerseits die Nahrungsaufnahme, die Wärmehaltung, der Säfteumlauf, die Nervenverrichtungen und anderseits die Zuführung der Brennstoffe, die Heizung und Lüftung, der Wasser- und Dampfkreislauf die Fernmelde- und -stellvorrichtungen.

Genau wie bei der Nahrungsaufnahme in den menschlichen Körper so wird auch in der Feuerungsanlage unserer Anstalt durch die Verbrennung von Kohlenstoff und Wasserstoff mit dem Luftsauerstoff zu Kohlensäure und Wasser Wärme erzeugt; und zwar erfolgt die Aufnahme der Nahrung mit eigenen Gliedmaßen nämlich mit der selbsttätigen Förder- und Rostbeschickeinrichtung. In beiden Fällen ist die im Innern zugeführte Wärme gleich der nach außen abgegebenen zum Zwecke der Erhaltung der gleichen Temperaturhöhe, unabhängig von der Witterung.

Die Haut unseres Baues bilden die Umfassungswände. Sie dienen, wie beim Körper, in hohem Maße der Wärmeregelung und vermitteln durch ihre Poren, Tür- und Fensterspalten die Abgabe von verbrauchten Stoffen, Kohlensäure und Wasserdampf an die Außenluft: sie übernehmen somit auch einen Teil des Stoffwechsels und der Atmung, d. i. der Lüftung.

Im übrigen erfolgt die Atmung des Baues durch seine Lunge, die Lüftungsanlage, dargestellt durch das Luftgebläse, die Wassererwärmer und die Heizkammern, in denen die Luft sich, wie an den Lungenbläschen, erwärmt, und die Abluftwege, aus denen die Ausatmung der Kohlensäure und der verbrauchten Luft stattfindet.

Das Herz der ganzen Anlage bildet der Maschinenraum, von wo die Schlagadern ausgehen und die Wärmeträger durch die bis zu den entferntesten Körperzellen sich verästelnden Leitungen ausgeschickt werden, um, nach erfolgter Wärmeabgabe, durch die Blutadern — das sind die Rückleitungen — wieder zum Maschinenraum zurückzukehren. Von hier aus gehen auch Dampfleitungen zwecks Wärmeabgabe zu den Warmwasserkesseln mit ihrem Wasserkreislauf, entsprechend der Überführung der Nahrungsstoffe durch den Verdauungsapparat in den Blutkreislauf. Sogar die Herzschläge werden hier durch die drei Pumpen nachgeahmt, die für die dauernde Umwälzung, Erneuerung und Erwärmung des Wassers in den Schwimmbecken sorgen. Die Hauptschlagader bildet die Druckleitung von der Schleuderpumpe zu den Hochbehältern, die auf ihrem Wege die Wassererwärmer der Lunge durchzieht.

Wie sich die Lebenstätigkeit des Körpers durch den Zellenaufbau äußert, so werden in unserer Anstalt die Wärme, das Wasser und die Luft in den Badezellen, Reinigungs- und

Schwimmbädern an die Badegäste abgeliefert, die durch deren Verbrauch zur Lebenshaltung die Zellentätigkeit des Baues darstellen.

Dem Zwecke der Unschädlichmachung und der Reinigung eingedrungener Fremdkörper und Verunreinigungen, wenn möglich zur gebrauchsfähigen Wiederverwendung, dient die Wäscherei samt den dazugehörigen Wäscheabwurfschächten und Sammelstellen — entsprechend dem tierischen Lymphgefäßsystem.

Die Abfallstoffe werden teils als Asche und Schlacken gewonnen, teils ziehen sie als gasförmige Bestandteile durch den Schornstein ab, teils fließen sie aus den Aborten in das städtische Abwasserkanalnetz zusammen, wie bei der tierischen Entleerung durch Darm und Blase.

Was wäre aber schließlich ein Körper ohne Nervensystem?: Auch dieses finden wir in unserer Anstalt in sehr ausgeprägter Form wieder. Wie beim lebenden Körper die durch die Nervenendigungen aufgenommenen Reize durch Nervenstränge vermittelst eines Nervenstromes dem Gehirn gemeldet werden, das nach Verarbeitung der so erhaltenen Empfindungen die entsprechenden zweckmäßigen Bewegungen und Einstellungen der Gliedmaßen durch die Muskeln vermittelst der Bewegungsnerven beherrscht — so werden hier die Temperaturen, Luftdrucke, Luftmengen, Stromstärken, Spannungen, Turenzahlen usw. durch elektrische und Flüssigkeits- oder Luftdruckleitungen nach der Schalttafel übertragen, wo die Meldung in Form von Anzeigen auf den Fernmeßgeräten erscheint, entsprechend den Erregungen von Nervenzentren im Großhirn. Hier setzt nun eine geistige Macht ein, nämlich der Maschinenmeister, der die Maschinen, Klappen, Ventile usw. durch die Bewegungsnerven, das sind Drahtseile, elektrische Kabel usw., entsprechend der empfangenen Meldung regelt.

Sogar das Gedächtnis ist durch selbstschreibende Meßgeräte für Speisewassermengen, Abgastemperaturen, Kohlensäuregehalt der Rauchgase usw. vertreten, die die Erinnerungsbilder in Form von Aufzeichnungen oder Kurvenblättern liefern.

Wir wollen uns an einem Beispiel die Arbeit dieser Fernmeldung und Fernregelung klar machen. Wir nehmen an,

7

der augenblickliche Beharrungszustand der Anlage sei durch folgende Anzeigen der Meßgeräte auf der Schalttafel gegeben:

Gesamtluftmenge 75000 cbm/Stb.,

Luftmenge für Schwimmhalle I: 14000 cbm/Stb.,

Überdruck a. Fußb. d. Schwimmhalle I: 0,8 mm WS,

Lufttemperatur a. Fußb. d. Schwimmhalle I: 22,5° C,

Umdrehungen des Motors d. Luftgebläses 720 i. d. Min.,

Außentemperatur: — 5° C.

Nach etwa einer halben Stunde bemerken wir, daß die Außentemperatur auf - 6,2° C, die Raumtemperatur auf 22,3° C gesunken ist, und daß der Überdruck auf 0,1 mm WS Unterdruck umgeschlagen ist, die Luftmenge hat auf 13500 cbm abgenommen, die Gesamtluftmenge ist dagegen die gleiche geblieben. Ein Blick auf die Schalttafelanzeigen der nach Süden gelegenen Räume, nämlich Frauenschwimmhalle und Wartehalle, zeigt uns eine kleine Zunahme der Luftmengen und Luftüberdrücke. Aus alledem ist leicht zu folgern, daß ziemlich plötzlich ein kalter Wind von Norden her gegen die Schwimmhalle I aufgetreten ist. Wir drehen also das Ventil Nr. 3 am Dampfverteiler, nämlich die Umgangsheizung der Männerschwimmhalle I, etwas auf und erhöhen dadurch etwas die Raumtemperatur. Ferner öffnen wir etwas die Zuluftklappe der Halle I durch Linksdrehung des 3. Handrades am Sockel der Schalttafel solange, bis der 2. Kleindruckmesser auf der Sockelbrüstung wieder 0,8 mm Überdruck zeigt. Sofort bemerken wir durch Ablesung des letzten Kleindruckmessers, daß die Luftmenge der Halle I auf 15800 cbm gestiegen ist, während die Luftmengen der Räume nach Süden etwas abgenommen haben. Die letzteren regeln wir wieder hinauf, bis die ebenfalls etwas gestiegene Hauptluftmenge wieder auf 75000 sich eingestellt hat und die Turenzahl wieder 720 beträgt.

Auf diese Weise können die feinsten Einstellungen erfolgen und die feinsten wie die gröbsten Schwankungen des Betriebes in wenigen Sekunden ausgeglichen werden. Wir sehen also, daß keine weit verzweigte technische Anlage ohne Fernmeßgeräte und Fernstellvorrichtungen ordnungs= und bestimmungsgemäß arbeiten kann. Ebenso wie der beste menschliche Körper durch

Versagen seiner Nerven- und Gehirntätigkeit verblödet und zu Grunde geht, genau so würden auch die technischen Anlagen versagen. Denn woher sollen die richtigen Wirkungen kommen, wenn die Reize nicht richtig gemeldet und in Empfindungen umgesetzt werden, nach denen erst wieder die entsprechenden Einstellungen vorgenommen werden können? Bald würden die technischen Einrichtungen in Unordnung geraten, der Innenbau des Bades würde leiden, Wände und Decken würden unter der zerstörenden Wirkung des Wasserdampfes zerfallen, häufige und große Ausbesserungskosten würden entstehen. Unter der Wirkung schlechter Gerüche würde der Aufenthalt für die Badegänger bald kein angenehmer mehr sein können. Möge dem stolzen Nürnberger Volksbad eine schönere Zukunft beschieden sein!

STÄDTISCHES VOLKSBAD
NÜRNBERG

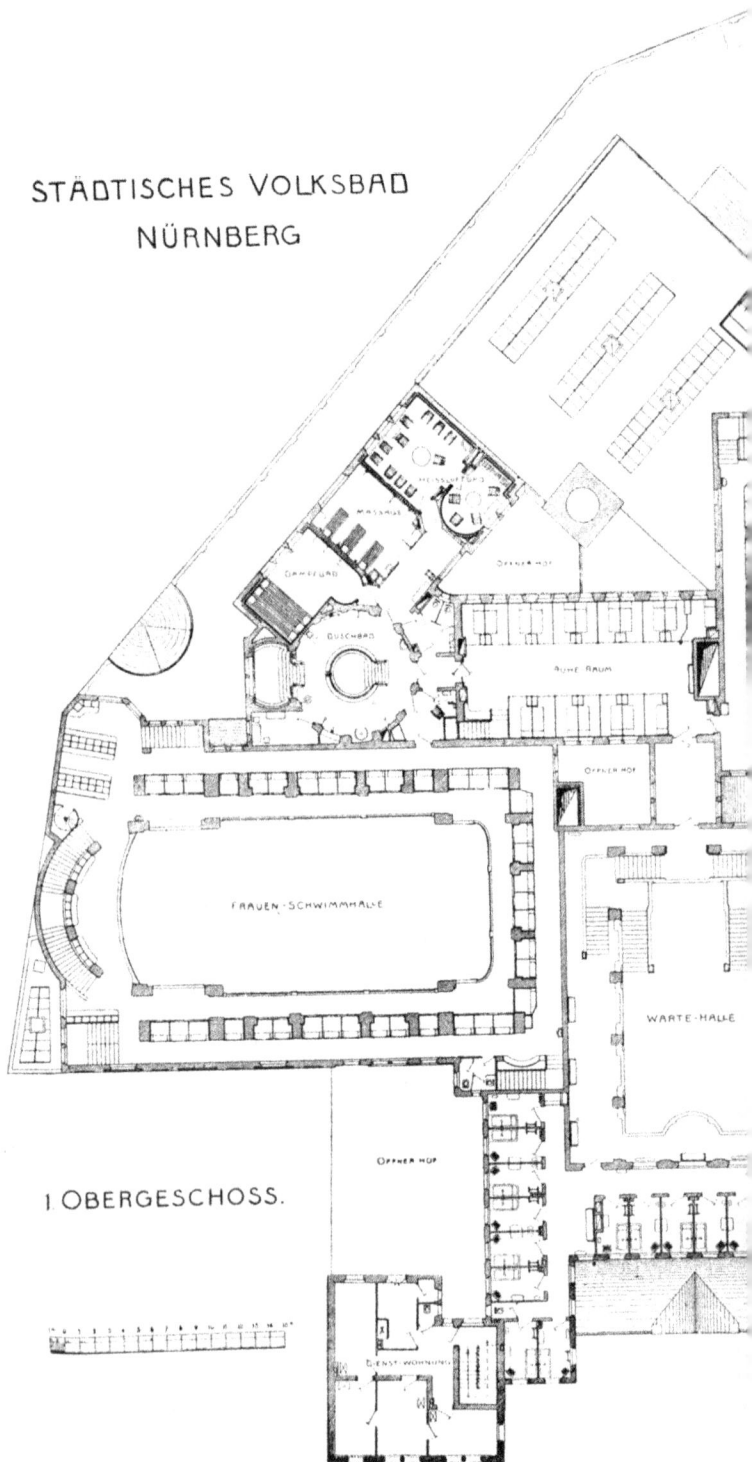

FRAUEN-SCHWIMMHALLE

WARTE-HALLE

I OBERGESCHOSS.

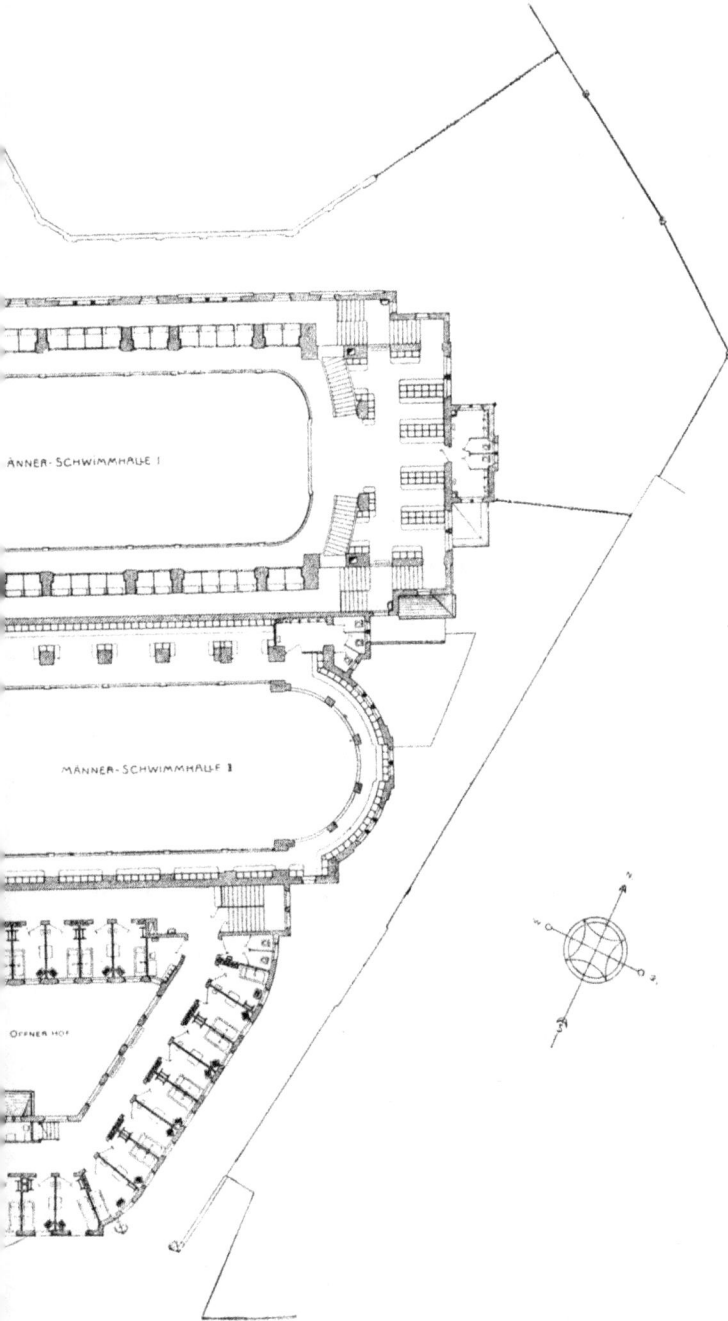

MÄNNER-SCHWIMMHALLE I

MÄNNER-SCHWIMMHALLE I

OFFNER HOF

Wasserturmbehälter.

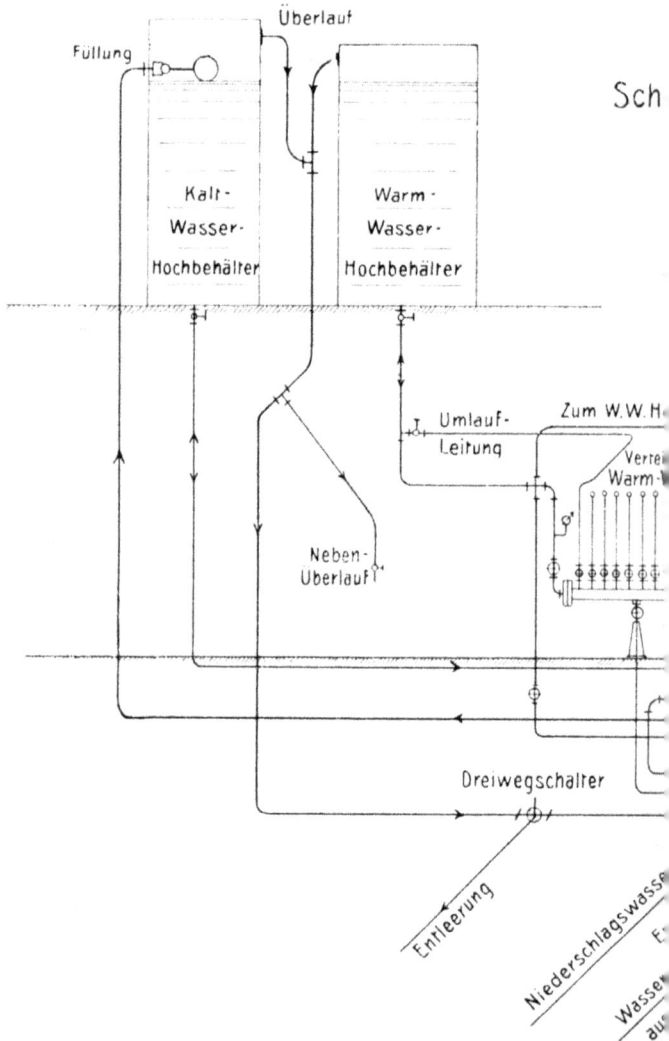

Überlauf

Füllung

Sch

Kalt-
Wasser-
Hochbehälter

Warm-
Wasser-
Hochbehälter

Zum W.W.H

Umlauf-
Leitung

Verte
Warm-

Neben-
Überlauf

Dreiwegschalter

Entleerung

Niederschlagswasse

E

Wasse
au

Warmwasser-Verteilung.

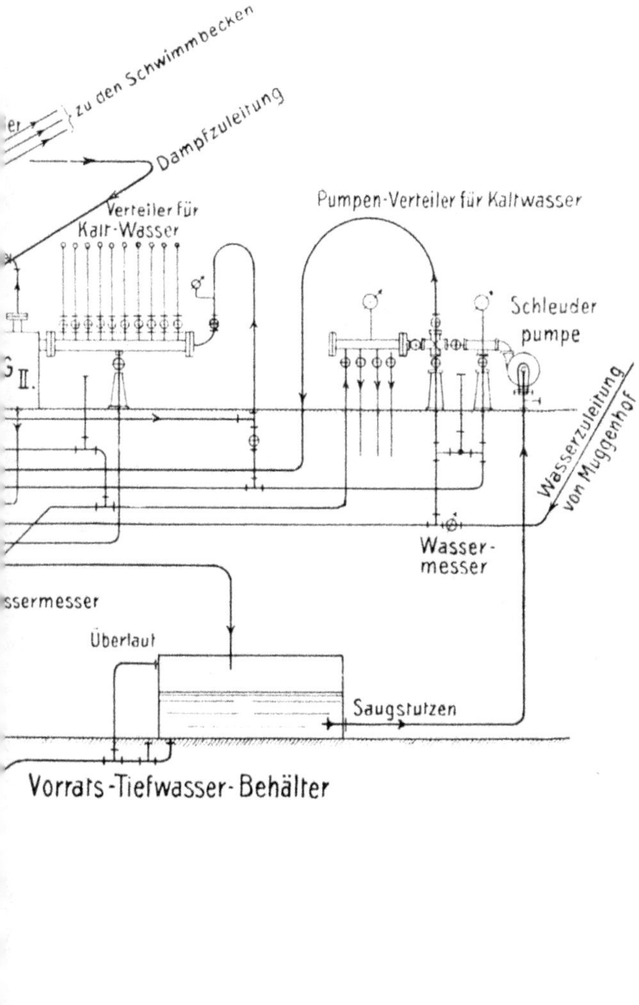

zu den Schwimmbecken

Dampfzuleitung

Verteiler für
Kalt-Wasser

Pumpen-Verteiler für Kaltwasser

Schleuder
pumpe

Wasserzuleitung
von Muggenhof

G II.

Wasser-
messer

ssermesser

Überlauf

Saugstutzen

Vorrats-Tiefwasser-Behälter

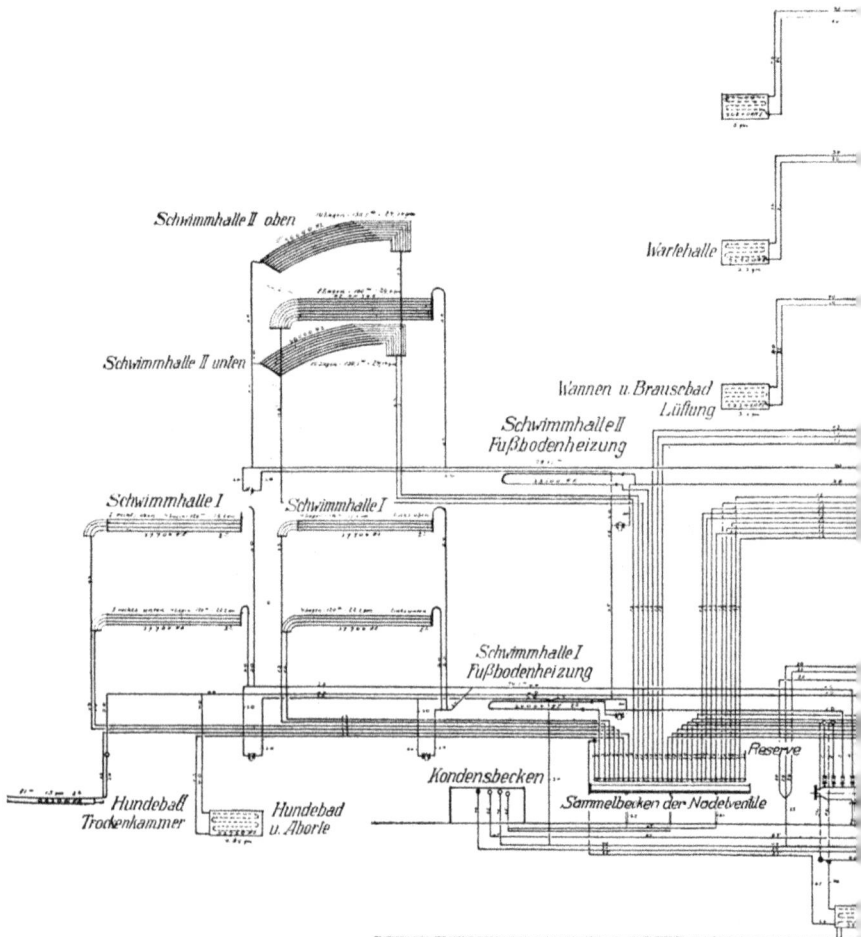

Schwimmhalle II oben

Wartehalle

Schwimmhalle II unten

Wannen u. Brausebad
Lüftung

Schwimmhalle II
Fußbodenheizung

Schwimmhalle I

Schwimmhalle I

Schwimmhalle I
Fußbodenheizung

Reserve

Kondensbecken

Hundebad
Trockenkammer

Hundebad
u. Aborte

Sammelbecken der Nadelventile

Schema der Da

Dampf-Verteiler:

1. Dampfmaschine
2. Dampf-Warmwasserkessel für große Heizkammer (Lüftung der Schwimmhallen)
3. Umgangsheizung Männerschwimmhalle I
4. Heizung Männerschwimmhalle I
5. Dampf-Warmwasserkessel und Trockenraum Hundebad
6. Heizung Männerschwimmhalle II
7. Umgangsheizung Männerschwimmhalle II
8. Dampf-Warmwasserkessel zur Lüftung der Wannen- und Brausebäder
9.   "   "   Heizung " Warte- und Eintrittshalle
10.   "   "   Heizung " Wannen- und Brausebäder
11. Heizung Frauenschwimmhalle
12. Umgangsheizung Frauenschwimmhalle
13. Winterleitung für römisch-irische Bäder, Dampfbad, Warmluftbad, Heißluftbad
14. Umwälzpumpen.
15. Sommerleitung für römisch-irische Bäder, Ruheraum, Warmluftbad, Knetraum
16. Wäscherei.
17. Wäschewärmer und Hilfsstutzen.

1. Dampf
2. Umgan
3. Männer
4.
5.
6.
7. Dampf
8. Trocken
9. Männer
10.
11.
12. Umgan
13. Dampf
14.
15.
16. Frauen
17.
18.
19.

Aspiration Wäscherei Kanal

Abort Heizung

Brauseraum

Massageraum

Ruheraum

...heraum

...mpfbad

Heißluftbad

Warmluftbad

Dampfmangel Mischventil

Kochkessel

Waschmaschine

Stärkekocher

Heizschlange

Koulissenapparat

Frauenschwimmhalle

Brause raum

Brauseraum

Frauenschwimmhalle
Fußbodenheizung

...serve

Umwälzpumpen.

Dampfmaschine

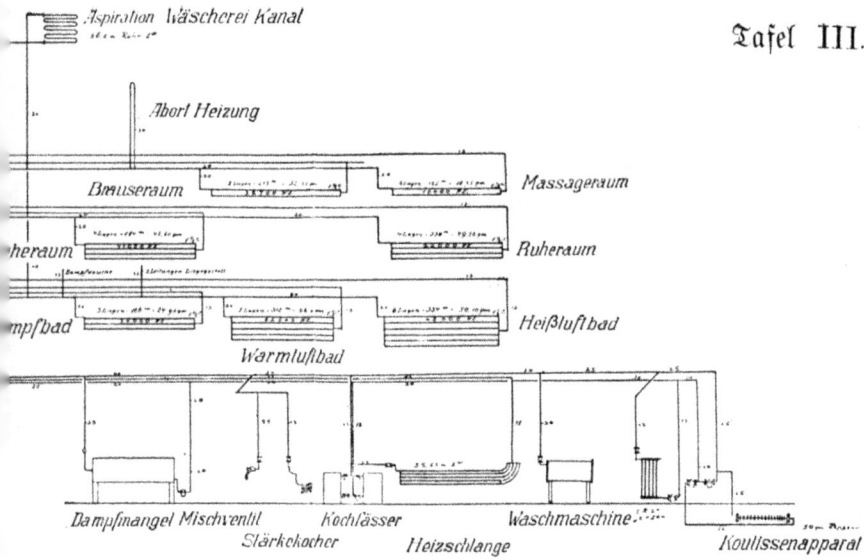

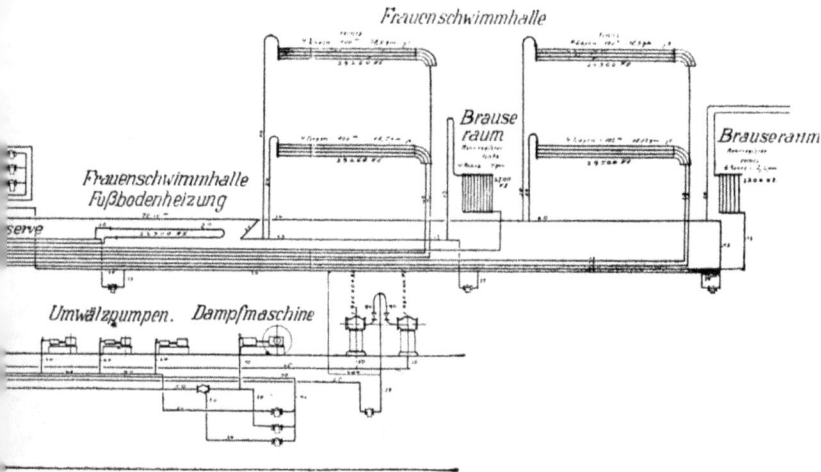

...wasserleitungen.

...Rückleitungen.
...roße Heizkammer
...mhalle I
...ben
...nten
...unten
...oben
...ebad.

...unten
...oben
...ng oben
...mhalle II
...üftung der Wannen- und Brausebäder.
...arte- und Eintrittshalle
...eizung, Wannen- und Brausebäder.
...m links
...ge links oben
...links unten
...rechts oben

20. Frauenschwimmhalle Heizschlange rechts unten
21.　　　　„　　　　Brauseraum rechts
22. Umgangsheizung Frauenschwimmhalle
23. Ruheraum, große Heizschlange
24.　　„　　kleine Heizschlange
25. Brauseraum
26. Dampfbad
27. Knetraum
28. Warmluftbad
29. Heißluftbad
30. Luftabsaugung Wäscherei
31. Heizschlange Wäscherei
32. Verfügbar

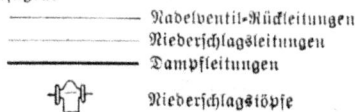

————————— Nadelventil-Rückleitungen

————————— Niederschlagsleitungen

————————— Dampfleitungen

Niederschlagstöpfe

Fern-Temperaturmessung.
Außentemperatur im Luftentnahmeschacht.

A.
1. Kanaltemp. der Männerschwimmhalle I
2. Kanaltemp. der Männerschwimmhalle II
3. Kanaltemp. der Frauenschwimmhalle
4. Kanaltemp. der Wannen u. Brausen WiS.
5. Kanaltemp. der Wannen u. Brausen WoS.
6. Raumtemp. der Männerschwimmhalle I
7. Raumtemp. der Männerschwimmhalle II
8. Raumtemp. der Frauenschwimmhalle
9. Raumtemp. der Wannen u. Brausen Erdgesch.
10. Raumtemp. der Wannen u. Brausen Obergesch. WiS.
11. Raumtemp. der Wannen u. Brausen WoS.
12. Raumtemp. der Wartehalle.
13. Raumtemp. des Hundebades.

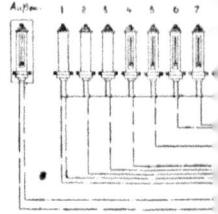

B.
1. Dampfbad
2. Brausebad
3. Ruheraum
4. Knetraum
5. Warmluftraum
6. Heißluftraum

C.
1. Lüftung der Wannen- und Brausebäder
2. Heizung der Wartehalle
3. Heizung der Wannen- und Brausebäder
4. Lüftung d. 3 Schwimmhallen
5. Heizung des Hundebades
6. W.W.-Bereit. f. Wäscherei

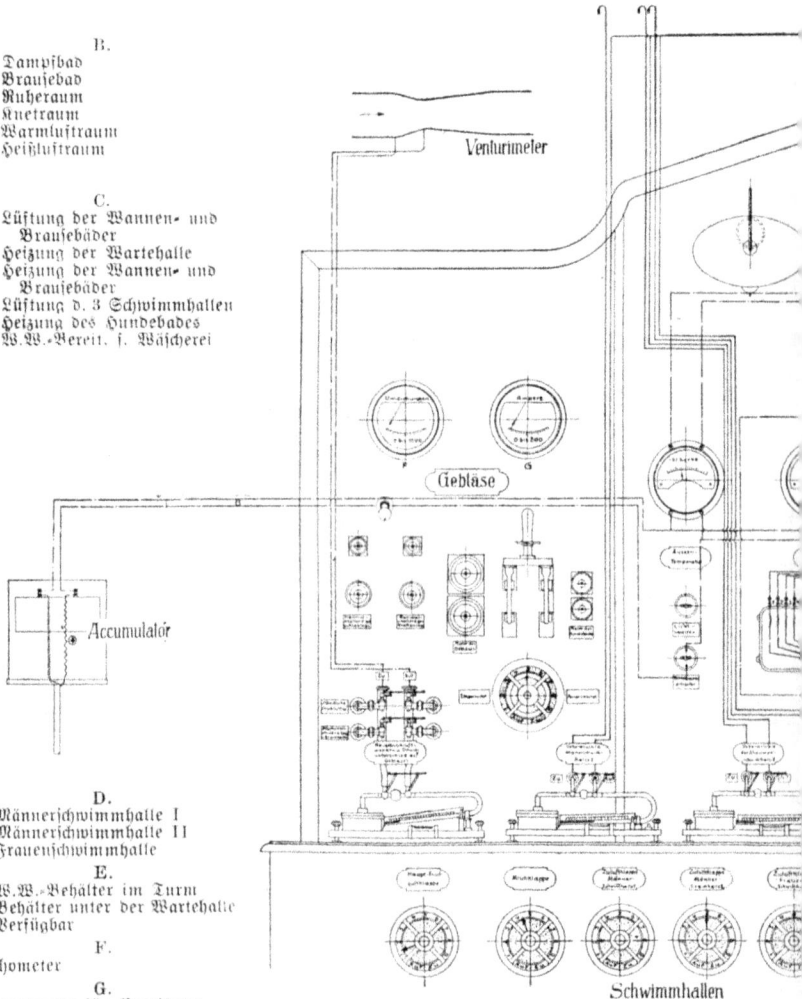

D.
1. Männerschwimmhalle I
2. Männerschwimmhalle II
3. Frauenschwimmhalle

E.
1. W.W.-Behälter im Turm
2. Behälter unter der Wartehalle
3. Verfügbar

F.
Tachometer

G.
Amperemeter für Ventilator

H.
Amperemeter für Pumpe

J.
Voltmeter

Venturimeter

Gebläse

Accumulator

Schwimmhallen

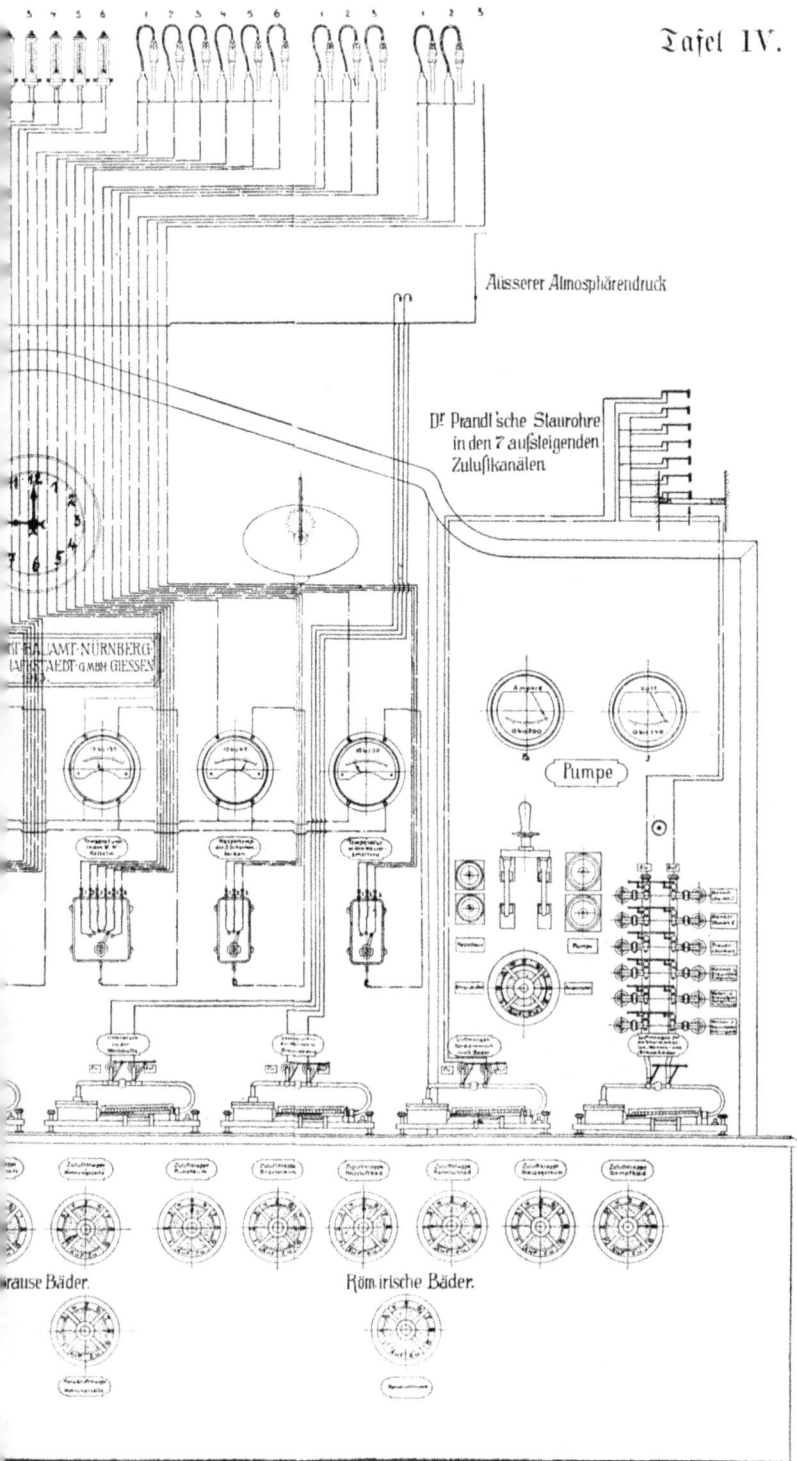

Widerstands-Fernthermometer

Tafel IV.

Äusserer Atmosphärendruck

Dr Prandt'sche Staurohre
in den 7 aufsteigenden
Zuluftkanälen

Pumpe

ELEGRAFENAMT·NÜRNBERG
HARTMANN & BRAUN·GMBH·GIESSEN

Krause Bäder.

Römirische Bäder.

(7.)

Tafel V.

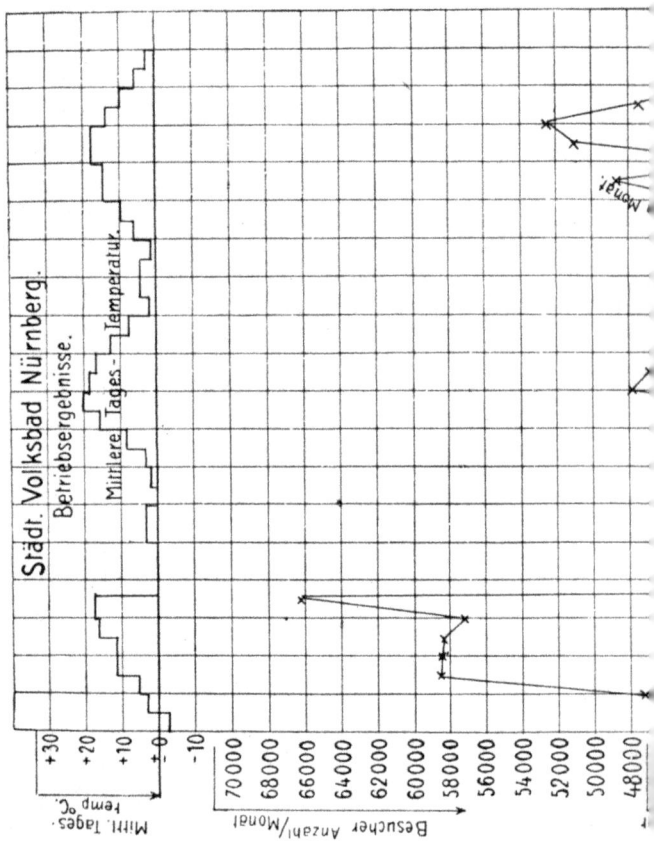

Städt. Volksbad Nürnberg.

Betriebsergebnisse.

Mittlere Tages - Temperatur.

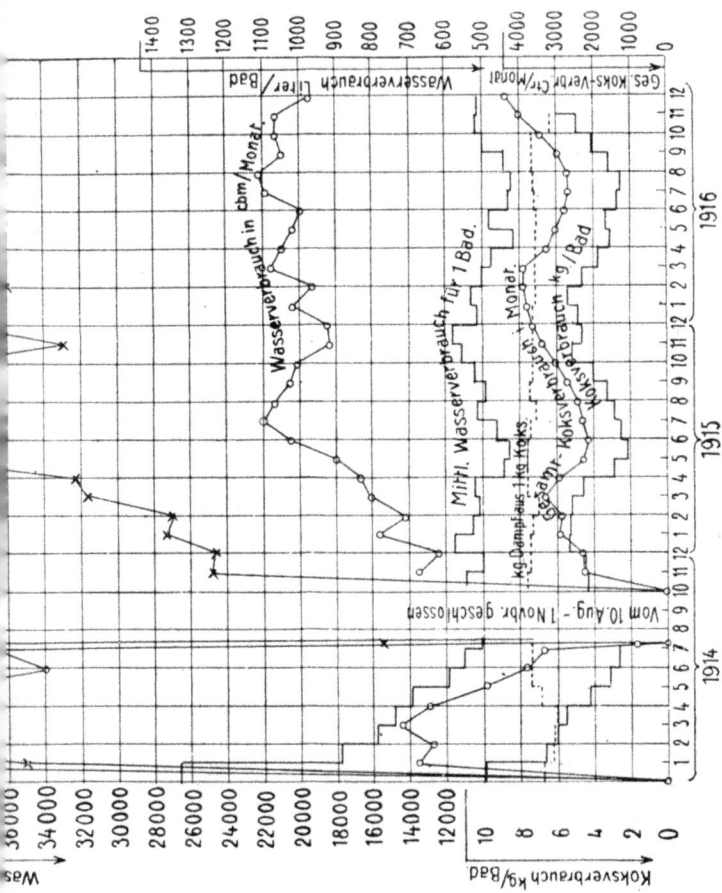

Verlag von R. Oldenbourg in München u. Berlin

Bemerkungen und Erläuterungen zum Ministerialerlaß vom 10. Februar 1914 betr. Sicherheitsvorrichtungen für Warmwasserkessel, herausgegeben vom Verband Deutscher Zentralheizungs-Industrieller. E. V. Berlin. 17 Seiten 8°. Mit 8 Abbildungen. Geh. M. —.80

Bericht über den vom 25.—28. Juni 1913 in Köln a. Rh. abgehaltenen IX. Kongreß für Heizung und Lüftung. Vom geschäftsführenden Ausschuß herausgegeben. 322 S. 8°. Mit 110 Abb. u. 11 Tafeln. Geh. M. 5.—

Grundlagen zur Berechnung von Wasserrohrleitungen. Von Dr.-Ing. B. Biegeleisen, Privatdozent a. d. Techn. Hochschule in Lemberg (Oesterreich), und R. Bukowski, Ingenieur in Lemberg. Sonderabdr. a. d. »Gesundheits-Ingenieur«, herausgegeben von Geh. Reg.-Rat E. v. Boehmer, Berlin-Lichterfelde-West. 37 S. 4°. Geh. M. 1.50

Tabellen zur Ermittelung der stündlichen Wärmeverluste. Bearbeitet von Gustav Dieterich, Ingenieur. VI und 89 Seiten 4°. In Leinwand gebunden M. 20.—

Wirtschaftliche Verwertung der Brennstoffe als Grundlage für die gedeihliche Entwicklung der nationalen Industrie und Landwirtschaft von Dipl.-Ing. G. de Grahl, Zehlendorf-West b. Berlin. VIII u. 608 S. 8°. Mit 165 Abb. im Text u. auf 9 Tafeln. Geb. M. 20.—

Wirtschaftlichkeit der Zentralheizung. Richtige Bemessung, Ausführung und sparsamer Betrieb. Von Dipl.-Ing. G. de Grahl. 198 Seiten gr. 8°. Mit 96 Abbildungen. In Leinwand geb. M. 6.—

Tabellarische Zusammenstellung der Rohrweiten für verschiedene Zirkulationshöhen und horizontale Entfernungen bei Warmwasserheizungen mit unterer Wasserverteilung. Bearbeitet nach den Recknagelschen Hilfstabellen von Ingenieur E. Haase. VIII und 123 Seiten kl. 8°. 120 Tabellen. Geh. M. 4.50

Die Warmwasserbereitungs- und Versorgungsanlagen. Ein Hand- und Lehrbuch für Ingenieure, Architekten und Studierende. Von Ing. W. Heepke. (Oldenbourgs Technische Handbibliothek Bd. V). XIV u. 391 Seiten 8°. Mit 255 Abb. In Leinwand geb. M. 9.—

Kalender für Gesundheitstechniker. Taschenbuch für die Anlage von Lüftungs-, Zentralheizungs- und Bade-Einrichtungen. Herausgegeben von H. Recknagel, Diplom-Ingenieur, Berlin. Mit vielen Abbildungen und Tabellen. 22. Jahrgang 1918. 8°. Brieftaschenformat. Gebunden M. 6.—

Altrömische Heizungen. Von Otto Krell sen., Ingenieur. VI und 117 Seiten gr. 8°. Mit 39 Abbildungen und 1 Tabelle. Geh. M. 4.—

Leitfaden der Hygiene für Techniker, Verwaltungsbeamte und Studierende dieser Fächer. Von Prof. H. Chr. Nußbaum in Hannover. XI u. 601 Seiten gr. 8°. Mit 110 Textabbildungen. Elegant geb. M. 16.—

Über Luft und Lüftung der Wohnung und verwandte Fragen. Von Theodor Öhmcke, Regierungs- u. Baurat a. D. II u. 33 Seiten gr. 8°. Geh. M. —.60

Heizungs-, Lüftungs- und Dampfkraftanlagen in den Vereinigten Staaten von Amerika. Von Arthur K. Ohmes, Konsult.-Ing. VIII u. 182 S. gr. 8°. Mit 119 Textabb. u. 8 Tafeln. In Leinw. geb. M. 6.—

Hilfstabellen zur Berechnung v. Warmwasserheizungen. Von H. Recknagel, Diplom-Ingenieur. Dritte vermehrte u. verbesserte Auflage. 30 Seiten 4°, mit ausgeführten Beispielen in Mappentasche. Geheftet M. 4.50

Formulare mit Vordruck zur Berechnung der Rohrweiten bei Warmwasserheizungen in Tabellenform, nach H. Recknagel. Format 50×35 cm, zweiseitig bedruckt. 100 Stück M. 5.50, 500 Stück M. 25.—

Was muß der Architekt und Baumeister über Zentral-heizungen wissen? Von H. Recknagel, Diplom-Ingenieur. 55 Seiten 8°. Mit 14 Abbildungen. Geh. M. 1.20

Verwendung von Gaskoks für Zentralheizungen. Bericht über eine vom Deutschen Verein von Gas- u. Wasserfachmännern bei den Heizungsindustriellen gehaltene Umfrage. Auf der Hauptversammlung zu Bremen erstattet von Dr. E. Schilling, Vorsitzender der Heizkommission. 2. Auflage. 14 Seiten. Mit 1 Tafel. Einzelpreis 80 Pf., von 10 Exemplaren ab 75 Pf., von 20 Exemplaren ab 70 Pf., von 50 Exemplaren ab 60 Pf., von 100 Exemplaren ab 55 Pf., von 200 Exemplaren ab 50 Pf.

Zu den angegebenen Preisen kommt noch ein Kriegszuschlag von 20 %

www.ingramcontent.com/pod-product-compliance
Lightning Source LLC
Chambersburg PA
CBHW031448180326
41458CB00002B/696